U0341094

おもしろ実験と科学史で知る物理のキホン
渡辺儀輝　SB クリエイティブ株式会社　2009

著 者 简 介

渡边仪辉

1966 年出生于日本北海道。北海道大学研究生院地球物理专业结业，现任北海道市立函馆高中物理教师，兼任公立函馆未来大学外聘讲师。2005 年获日本物理教育学会颁发的学会奖——大塚奖，2007 年获日本文部科学大臣优秀教员表彰。爱好是开发物理实验器具和乐器（贝斯）演奏、作曲、编曲。著作有《なぜ救急車が通り過ぎるとサイレンの音が変わるのか》(宝岛社)，在函馆报纸上连载“在家就能做的科学实验”专栏，至今已有 10 年（每周一期，累计 500 期）。

株式会社 BEEWORKS

正文设计、美术指导。

YOUCHAN（TOGORU Company）

插图绘制。

形形色色的科学 SCIENCE

学物理，就这么简单！

趣味实验与科学史中的物理学

〔日〕渡边仪辉／著

唐　璐　滕永红／译

科学出版社

北　京

图字：01-2013-1074号

内 容 简 介

你还在为学不好物理而烦恼吗？那些看不见、摸不着、过于巨大、极其微小的各种物理现象是否是你学不好的绊脚石呢？

为了研究我们身边的物理现象，许多科学家从一次次的实验中得到灵感、获取真理。可以说想要打下坚实的物理基础，实验是最好的选择。本书中，专家使用各种科学实验带领你一步步回顾科学史，同时还会耐心地提示要点，这一切都是为了使你身临其境地体验物理学的乐趣。

本书适合青少年读者、科学爱好者以及大众读者阅读。

图书在版编目（CIP）数据

学物理，就这么简单！趣味实验与科学史中的物理学/（日）渡边仪辉著；唐璐，滕永红译。—北京：科学出版社，2014.6（2019.11重印）
（"形形色色的科学"趣味科普丛书）

ISBN 978-7-03-040510-4

Ⅰ.学… Ⅱ.①渡… ②唐… ③滕… Ⅲ.物理–普及读物 Ⅳ.04-49

中国版本图书馆CIP数据核字（2014）第084566号

责任编辑：徐 莹 杨 凯 / 责任制作：胥娟娟 魏 谨
责任印制：张 伟 / 封面制作：铭轩堂
北京东方科龙图文有限公司 制作
http://www.okbook.com.cn

科学出版社 出版
北京东黄城根北街16号
邮政编码：100717
http://www.sciencep.com
北京虎彩文化传播有限公司 印刷
科学出版社发行 各地新华书店经销
*
2014年6月第 一 版 开本：A5（890×1240）
2019年11月第六次印刷 印张：7
字数：150 000

定 价：45.00元
（如有印装质量问题，我社负责调换）

丛 书 序

感悟科学，畅享生活

如果你一直在关注着“形形色色的科学”趣味科普丛书，那么想必你对《学数学，就这么简单！》、《1、2、3！三步搞定物理力学》、《看得见的相对论》等理科系列图书和透镜、金属、薄膜、流体力学、电子电路、算法等工科系列的图书一定不陌生！

“形形色色的科学”趣味科普丛书自上市以来，因其生动的形式、丰富的色彩、科学有趣的内容受到了许许多多读者的关注和喜爱。现在“形形色色的科学”大家庭除了“理科”和“工科”的18名成员以外，又将加入许多新成员，它们都来自于一个新奇有趣的地方——“生活科学馆”。

“生活科学馆”中的新成员，像其他成员一样色彩丰富、形象生动，更重要的是，它们都来自于我们的日常生活，有些更是我们生活中不可缺少的一部分。从无处不在的螺丝钉、塑料、纤维，到茶余饭后谈起的瘦身、记忆力，再到给我们带来困扰的疼痛和癌症……“形形色色的科学”趣味科普丛书把我们身边关于生活的一切科学知识，活灵活现、生动有趣地展示给你，让你在畅快阅读中收获这些鲜活的科学知识！

科学让生活丰富多彩，生活让科学无处不在。让我们一起走进这座美妙的“生活科学馆”，感悟科学、畅享生活吧！

前　言

大家听到“物理”这个词时，会有怎样的印象呢？是不是觉得小学、初中时的“理科”、“科学”还是让人愉快的，但高中以后的物理就变得难以理解、计算也繁琐起来了，一定有人对物理没什么好印象吧？

我自己也是如此，虽说自己现在正在高中和大学教授物理，但我在高中时的第一次物理考试（力学）中，竟然只得到了3分（满分100分）！真是惨不忍睹啊！读大学的时候，一年级必修的物理学概论（力学）的学分我也没拿到，多亏指导老师照顾情面，我才得以升入二年级。

物理成绩那么差的我现在却相信“物理是让人愉快的、了不起的科学”，并想帮助更多的人重拾信心，向大家传递学习物理的乐趣。成为教师后，我总在想，过去的物理确实让人费解，就算有些理科底子，分数也难以提高，结果很多人就讨厌物理了……这么说来，要想让大家喜欢物理、学好物理就没有办法了吗？日本在经济高速增长时期，工厂里机器轰鸣，数不清的产品被运送到国外。在机械的设计、配备、调试中，物理知识是必不可少的。对推进工业化进程的日本来说，物理是非常重要的学科，有很多事情要求对物理的研究必须达到一定水平。苏联人造卫星的发射成功史称斯普特尼克危机（Sputnik Shock）（斯普特尼克1号是苏联于1957年发射的第一颗人造卫星），这也成为美国将战略重点转移到物理教育、开始制造对月火箭、实施阿波罗计划的主要原因。

认为小学的理科实验是纯粹的乐趣、中学的科学课程大概也能够弄懂的人，到了高中物理这个分界点，分数就变得难以提高了，他们往往就会想“是不是我真的不擅长学物理啊？”这样的人应该很多。

随着时代的发展，大机器生产时代已经成为过去，人类社会已经进入信息化时代。我想如果有机会的话，不擅长高中物理的人还是尝试再好好学一次吧。

本书中没有让人费解的公式和计算，都是用尽量简单易懂的语言将物理具有代表性的五大领域——力学、热力学、光学、电学和流体力学用历史故事与实验互相穿插的方式介绍出来。这样一来，无论是喜欢物理但又苦于学不好的人，还是从现在开始将要学习物理的初中生和高中生，都能够轻松愉快地读懂了。

物理要对各种各样的自然现象用算式或定律进行说明，然而这些算式或定律并不是突然出现在教科书或论文中的，它们始于亚里士多德时代，经过许许多多科学家、哲学家用自己的智慧，通过一次又一次的实验不断继承和发展得来的。古人会对某种自然现象的原因做出一种解释，下一个时代的人们在继承的基础上又做出其他解释，到了现代，又会发展出新的解释……因此，懂得物理的发展史非常重要。物理的发展史并不是指“算式第一次出现”的年代，而是要追溯某个算式到底经过了哪些发展历程……这些历程中包含着争论、坚持、友谊等许许多多的曲折故事。了解了这些，我们才能够初步感受到物理的乐趣和奥妙之处。

正因为如此，本书也可以说是一本物理的入门书。高中和大学中没有学习物理的人，也就是文科生们也可以轻松愉快地阅读。读者在掩卷之时，哪怕有一个人会因此对物理产生兴趣，进而喜欢上物理，作为作者的我都会感到无比喜悦。

力学、热力学、光学、电学和流体力学，在这些领域人类都有过哪些认识，建立了哪些理论？希望大家不仅仅阅读内容，也要亲自动手做一下实验，来体会“人类最伟大的遗产——自然科学”（阿尔弗雷德·诺贝尔）的乐趣。

渡边仪辉

学物理，就这么简单！趣味实验与科学史中的物理学

力、热、光、电、流体……尽在掌握！

目　录 CONTENTS

CONTENTS

第 1 章

力学的研究

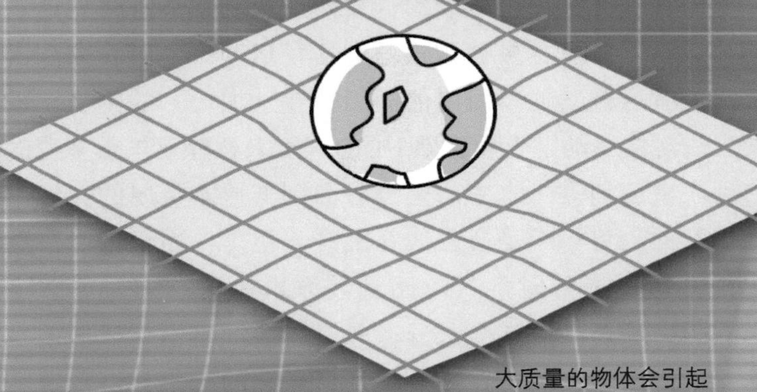

大质量的物体会引起空间弯曲

亚里士多德的运动学说和落体运动

伽利略的成就与运动理论的发展

力、动量、动能的区别

力的定义

惯性质量与引力质量

物体被用力抛出后，为什么会沿着曲线飞出去呢？这个简单的问题你能回答出来吗？运动学理论的发展历史就是从这个小问题开始的，对这个问题的思考体现着人类思想的延续和传递。让我们一起回顾物理的基础——力学的研究历史，看看人类对物体运动的认识都经历过怎样的发展和变迁……

亚里士多德对地球表面自然运动的观点

人类对力学的探究最远可以追溯至公元前4世纪。古希腊哲学家亚里士多德将自然界的运动分为自然运动和非自然运动两种。不施加人为外力的运动称为自然运动，其典型代表就是自由落体运动。亚里士多德这样理解这种运动："石块来源于泥土，因此有回到其原本所属的天然位置（大地）的趋势，于是会做直线落体运动。"用**实验1**中的例子来解释亚里士多德的观点的话，就应该是：水中的空气有回到其原本所属的天然位置（大气）的趋势，于是会直线往上升。但是，由于气泡在黏性很大的液体中上升时，气泡回到其原本位置的力与周围"黏滞"的阻力平衡，气泡会上升得非常缓慢。自由落体运动中下落物体的速度与重量成正比，与物体受到的（水、空气等）的反作用力（阻力）成反比。这就是亚里士多德对地球表面自然运动的观点。

但是，仔细想一下就会发现，这种观点本身充满了矛盾。为了使空气的阻力相同，我们用同样大小、同样形状的1kg和10kg的物体做自由落体运动，二者的下落速度应该相差10倍，但我们实验一下就会发现，两个物体几乎是同时落地的。而且，下落速度与阻力成反比的话，空气密度如果变为原来的1/2，速度应该会成为原来的2倍；空气密度如果变为原来的1/1000，速度应该成为原来的1000倍。以此类推，真空中的阻力基本为0时，速度应该趋近无限大。这就意味着物体在真空中无论从多高的高度下落，瞬间就能够到达地面，显然这是不可能的。

实验1　使物体上浮的力与阻力平衡

材料准备

冲大麦茶时使用的塑料制长形容器、吸管、洗衣液、锥子、黏合剂

实验步骤

1 在容器的下方用锥子开一个口，插入吸管。

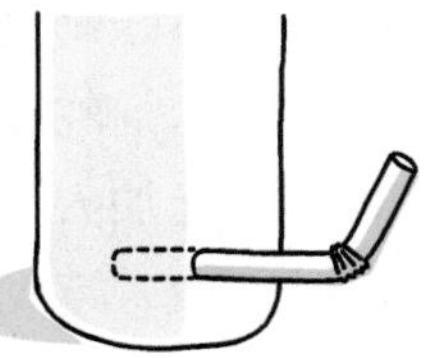

2 为防止吸管不牢固，用黏合剂进行固定。

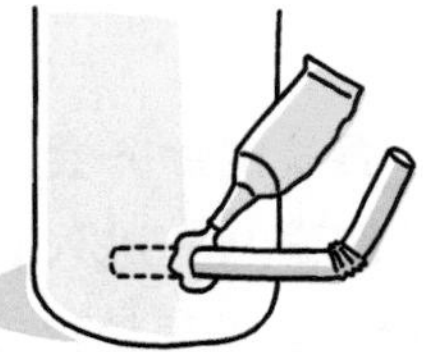

3 从容器上方缓慢倒入洗衣液。为了避免起泡沫，倒入时一定要慢。

4 用嘴吹吸管，将气体吹入，空气气泡就会缓慢地以“相同的速度”往上升起。

实验小贴士

洗衣液的种类很多，黏性过强的洗衣液有时会使气泡停留在瓶底。发生这种情况时，在洗衣液中稍加点水调稀一些。商店里也销售稀一些的洗衣液。

原理解释

洗衣液的黏性带来的阻力会随着气泡的上升速度同比例增大。开始时，气泡因为浮力慢慢上升，但阻力随之变大，浮力与阻力平衡时，气泡匀速上升。

亚里士多德对非自然运动的观点

亚里士多德曾断言自然界厌恶真空，他认为“地球表面不存在真空，所以速度无限大的情况不会出现”，并以此作为对前述矛盾的反驳。

亚里士多德还把投掷、敲打、摇动等因外部强制施加力的作用而产生的运动状态称为非自然运动。他认为，物体具有要回到其本来所属的天然位置的性质，当对物体施加人为的、与此相反的外力时，物体会向外力作用的方向运动，运动速度与外力的大小成正比、与阻力和物体的重量成反比。我们用这种观点来解释一下“投掷石块时，石块会做抛物运动”这种现象的原因。

石块被扔出去并在空气中行进时，石块的后方会形成真空。因为自然界厌恶真空，空气马上从四面八方进入石块后方，从后方推着石块向前运动，这个力就是维持石块运动的原动力。力作用在物体上时，物体就会向着力的方向运动。抛物运动中，如果在运动方向的切线方向没有力作用的话，运动就不会持续。力隔着很远的距离，接触不到物体，当然不会传递过来。物体接触到的只有空气，因此是空气在推着物体运动。可以证明（实验2），物体运动后方会形成旋涡。这个旋涡就是空气流入，真空消失的证据。

现在大家都知道亚里士多德的这个主张是错误的。然而，到底是哪里出了问题呢？

实验2　卡门涡街

材料准备

饭盒大小的容器、牛奶、墨水、铅笔

实验步骤

1 用水将牛奶稀释、倒入容器中，深度大约为5mm。静置备用。

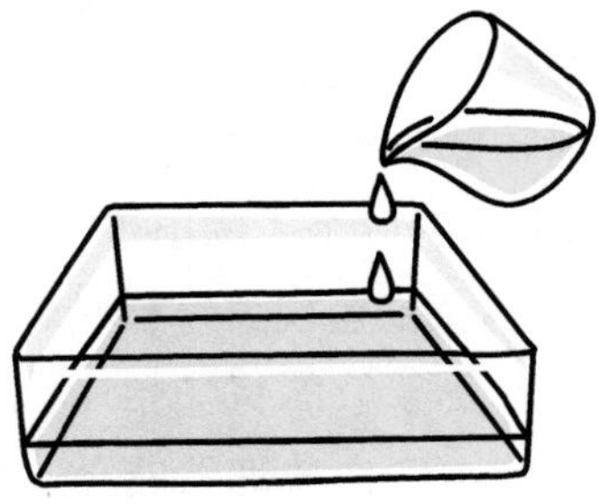

2 将墨汁在容器的一端滴入几滴。

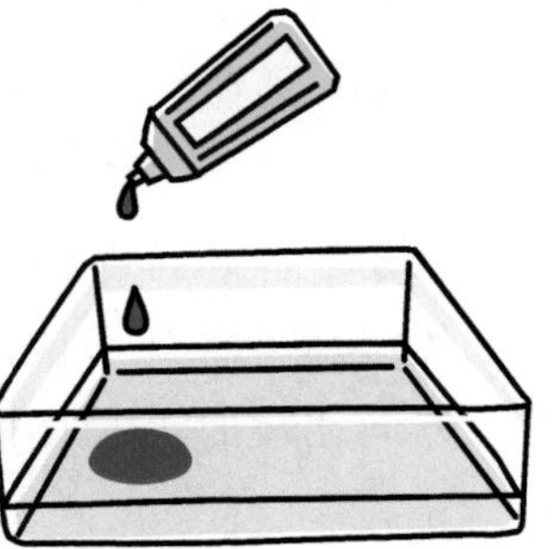

3 将铅笔直立于滴入墨水的水中。

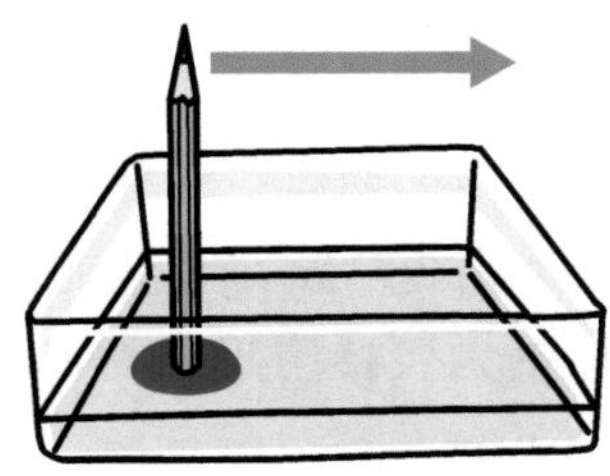

4 按照一定速度慢慢地横向移动铅笔，铅笔后方就会出现好看的旋涡。这种旋涡被称为“卡门涡街”。

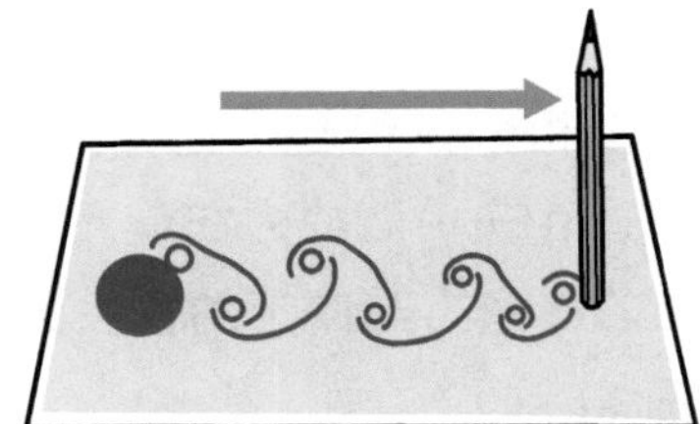

实验要点

改变铅笔的运动速度或者粗细程度，旋涡的数目和频率也会变化。至于这种旋涡为什么会发生，在第5章“流体的研究”中我们再详细解释。

对亚里士多德运动学说的批判

越多人认为通过仔细观察实际现象来探求现象发生的原因是理所当然、毋庸置疑的，去批判和推翻这种结论就会变得愈加困难。特别是对于亚里士多德的“物体的运动方向与施加的外力方向一致”这种观点，现代的高中生和大学生也容易凭感觉相信。然而后来，与亚里士多德的运动学说，特别是与“空气从后方推动物体”这种观点持不同意见的两个人物出现了。

一个人是活跃在公元前2世纪，发现了岁差现象（自转物体的自转轴为保持圆形旋转而出现的偏向现象）的喜帕恰斯。他认为：“向上投掷物体时，手把向上的内嵌力传递给物体。物体刚被投掷后，因为内嵌力比物体的重量大，所以物体向上飞。内嵌力消失后，物体就又回到了手上。”

另一个人是活跃在6世纪的斐洛劳斯。他认为：“向上抛出物体的手对物体施加了冲力，这个力可以内化在物体当中。冲力耗尽了，物体就不再运动，最终会落下来。”这两种观点非常相似，但也有区别。内嵌力一直到物体落到地面上都会一直存在，而冲力在最高点时恰好耗尽。前一种观点认为，向上的内嵌力与向下的重力大小相等、方向相反时，物体达到最高点。

那么，这两种观点后来有怎样的发展呢？**实验3**或许会带给你一些思考和启发吧。

实验3 听听自由落体的声音

材料准备

一根9m长的线、4个乒乓球、透明胶

实验步骤

1 将9m长的线3等分，在两端和等分点处粘上乒乓球。

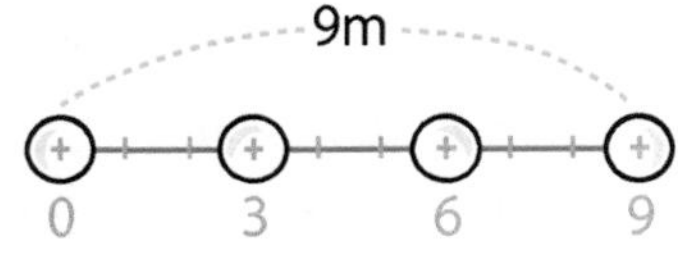

2 将线展开悬挂（9m比较长，尽量从高处向下放），松手让线和乒乓球落到承接物上。啪……啪……啪……啪，你会听到节奏逐渐加快的4次声响。

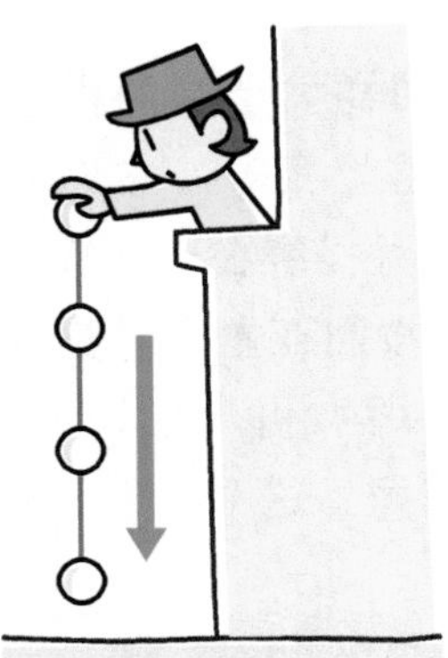

3 这一次，我们在0m、1m、4m、9m处重新粘上乒乓球，再一次让它们做同样的落体运动。

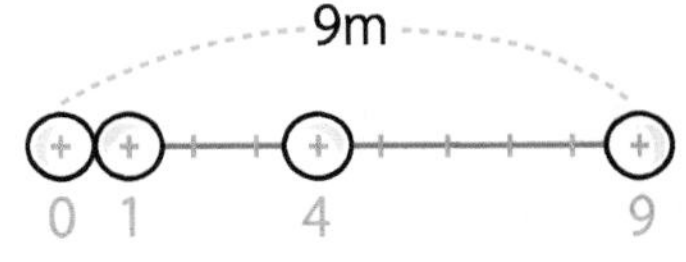

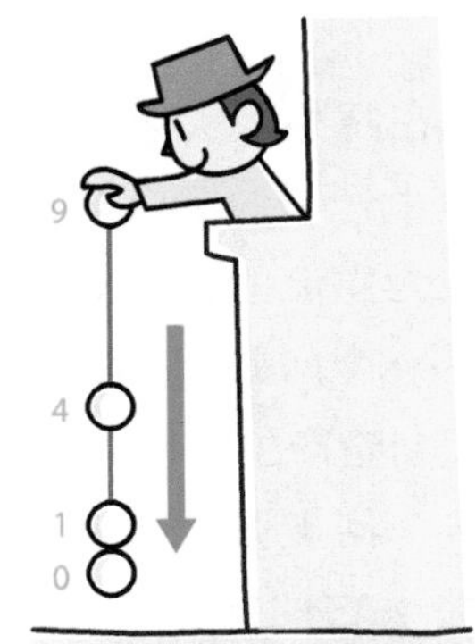

4 这次你听到的将会是时间间隔相等的4次声响。

实验要点

也许你想用重一些的秤砣或铅坠代替乒乓球，但太重的物体可能会把承接物砸坏，所以还是使用乒乓球为好。

亚里士多德运动学说的矛盾

斐洛劳斯关于冲力的学说，因为得到了巴黎的布里丹的坚定支持，在14世纪被作为明确的概念得以确立。布里丹把这种力称作原动力（Impetus），并做了这样的定义：内化在物体中的原动力与物体的速度和重量成正比。另外，布里丹认为天体以地球为中心所做的圆周运动（当时的天动说）其实是“最初神把原动力赋予了天体，所以天体可以永不停歇地持续运动”，就这样他把地球表面的运动和天体的运动用原动力联系了起来。

现在想想，大家都会觉得这种学说是不可轻信的，但在当时正是中世纪的黑暗年代，这种理论作为公理广为传播，在15世纪成为主流的科学观点。然而到了16世纪后半期，贝内戴蒂提出了一个问题，并成为当时的热门话题。这个问题对少年时代的伽利略产生了巨大影响。

这个问题是这样的：准备两块同样大小、同样重量的石头。如果它们同时开始下落，因为重量相等，它们会同时着地。然后，将两块石头用很轻的细线并排绑在一起成为一个大石块，其重量成为原来石头的2倍。按照亚里士多德的运动学说，大石块的下落速度应该是原来石头的2倍。但实际上，大石块还是与原来一块石头的下落速度相同。这个结果明显与亚里士多德的观点相矛盾。

伽利略通过实验阐明了这个问题。

实验4　动手制造简单的失重状态

材料准备

橡皮圈、透明胶、塑料杯、2个乒乓球

实验步骤

1 把橡皮圈切断，用透明胶把正中间部分粘在杯子的底部，然后两侧分别用透明胶将2个乒乓球粘住。

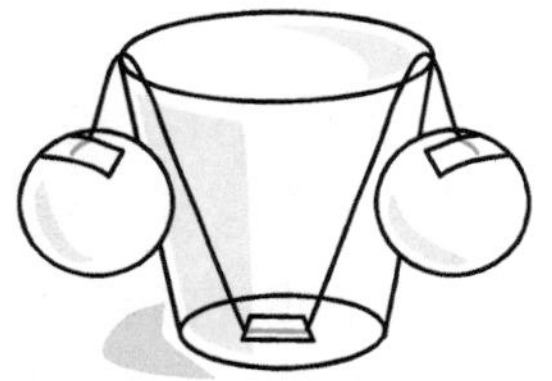

2 手持杯口向上运动，然后松手让杯子做自由落体运动。

3 不可思议的是，乒乓球在下落过程中被吸进了杯中！

为什么？

物体在下落过程中处于失重状态，乒乓球只会受到橡胶的弹力作用，所以被拉入杯中。

道理相同的实验

找一个容量为1.5L的塑料瓶，在瓶壁中间开一个直径约5mm的孔。用指头堵住孔，然后把瓶子装满水，不要盖盖子。松开堵住孔的指头，水就会从侧面喷出，让正在喷水的瓶子做自由落体运动。可以看到，在下落过程中，水不会再从孔中喷出来。

伽利略的发现①
单摆的等时性

伽利略，1564年出生于意大利的一个布匹商人、音乐家的家庭，是父亲伽利略·凡山杜的长子。他曾担任比萨大学的数学教师，1592年就任威尼斯共和国（现意大利的一部分）帕多瓦大学的教授。在那里，伽利略关于运动理论的各项研究取得了丰硕的成果。

其中一项成果被称为单摆的等时性。伽利略注意到比萨大教堂中摇摆的枝形吊灯，就用自己的脉搏计算它来回摆动的时间，他发现不论是大幅度的剧烈摆动还是小幅度的轻微摆动，吊灯摆动的周期（来回摆动一次的时间）都是相同的（有可能是逸闻）。虽然伽利略当时想用这个原理制造出摆钟，但实际上摆钟是由荷兰物理学家惠更斯在1656年发明的。

实验5介绍了单摆的运动，并记录其往返摆动的时间。实际上伽利略在做这个实验时使用了两个1.5米长的单摆，一个很大、一个很小，让它们都来回摆动100次。经确认，两个单摆在每一个周期都在做着完全同步的左右摆动。

1602年，完成这个实验的伽利略从考察天平和杠杆原理的静力学出发，完成了力臂×力=力矩的概念，并由此开始向考察物体在光滑斜面上运动的动力学转变。单摆的等时性也是在这一过程中从研究“杠杆的旋转运动”中产生的。可以说，伽利略开启了颠覆古代运动论的时代。

实验5　到底是什么决定了单摆的周期?

材料准备

白纸、细线、黏土等可做摆锤的重物、秒表

实验步骤

1 制作一个长1米的单摆。然后在一张白纸中间画一条竖线，将白纸贴在墙上。

2 让单摆做振幅较小的摆动，以白纸上的竖线为基准，用秒表记录单摆运动10个来回的时间。

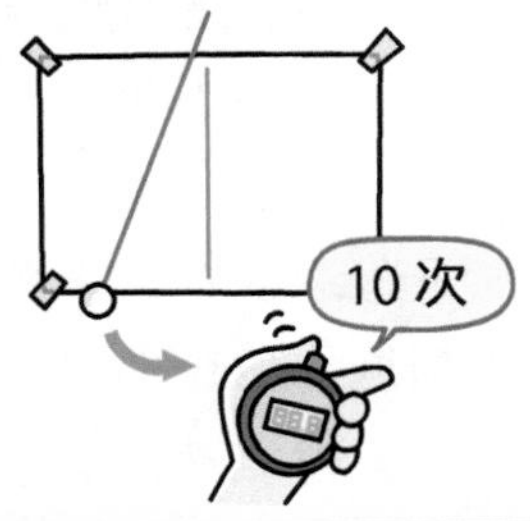

3 然后再让单摆做振幅较大的摆动，用同样的计时方法记录单摆运动10个来回的时间。

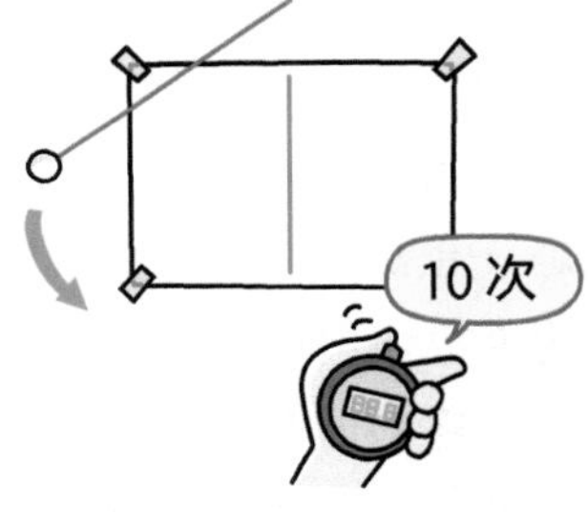

4 你可能会觉得单摆做振幅较大的摆动时，所用的时间比较多。但实验结果是，两种情况下，单摆往返一次的时间（周期）是相等的。这就是单摆的等时性。单摆的等时性经常会被误认为“改变单摆的质量，其摆动周期也不会变化”，但这是单摆自身的性质之一，与等时性不同。

用公式表示周期

单摆的周期与摆动的角度（振幅）和单摆的质量都无关，它仅取决于单摆的长度（摆长）。将摆长（m）除以9.8，再开平方，然后乘以2×3.14，就得到了单摆的周期。用公式表示为：$T=2\pi\sqrt{\frac{l}{g}}$。

伽利略的发现②
下落距离与时间的平方成正比

随着对动力学的深入理解和思考，伽利略终于得出一个原理，即同一物体从倾斜程度不同的光滑斜面顶端下滑，到达斜面底端的速度取决于斜面的高度。我们可以这样思考，物体从倾斜角度为0°（水平方向）~90°（垂直方向）之间任意角度的光滑斜面下滑，只要物体开始下滑时所在的初始高度相同，那么最后下落到斜面底端的速度就相同。伽利略认为，只要这个原理是真正成立的，就可以从中发掘出能够说明各种各样运动现象的定律，所以掌握这一原理非常重要。

伽利略的时代没有秒表作为计时器，直接测量运动物体的瞬间速度是不可能的。然而，从“天平”到“杠杆”再到“斜面”，伽利略在从静力学到动力学的深入思考中，将这个原理进行了明确地表述。后来，被宗教裁判所（负责审判异端邪说）抓捕的伽利略在被监禁的别墅里将自己的运动理论总结、整理，撰写出了著名的《关于两门新科学的对话》（1638年出版）一书。在这本书中，这一原理也作为唯一的结论被记述。

我们可以从这一原理中推导出“在下落运动中，下落距离与时间的平方成正比”这个结论。在得到这个结论的过程中，伽利略从原理出发，反复进行了逻辑思考、建立理论假设、进行数学推导和几何证明，然后将结果理想化，再用实验进行验证。伽利略是第一个使用实验与数学相结合的方法并且获得成功的科学家。这种研究方法对自然界的科学研究活动影响深远，而伽利略的这种假想实验在后面的“惯性定律”中会体现得更加全面。

实验6 下落距离与时间的平方成正比吗？

材料准备

（厚的）电话簿、长约1m的窗帘轨道、节拍器、钢弹珠、玻璃球

实验步骤

1 找一本厚一些的电话簿，把窗帘轨道搭在上面，做成一个斜面，把钢弹珠放在斜面最上端，当节拍器刚结束一拍时，松手让钢弹珠滑下。

啪嗒

2 在钢弹珠骨碌骨碌下滑的过程中，跟着节拍器的节奏，每一拍结束时，在钢弹珠经过的位置做上标记，然后测量距离。

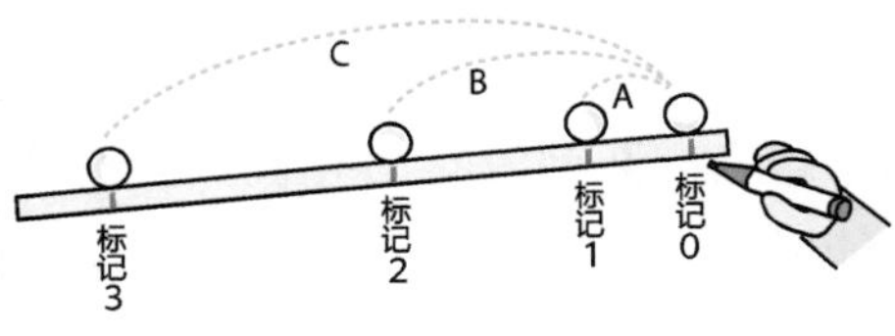

3 用质量不同的玻璃球也进行相同的实验。可以发现，标记1、2、3的位置几乎没有变化。通过这个实验，我们可以明白下落的距离与小球的质量没有关系。

4 用横轴表示节拍器的计时点、纵轴表示小球下滑经过的距离，可以看到图像呈二次函数的形状，下落距离与时间的平方成正比。

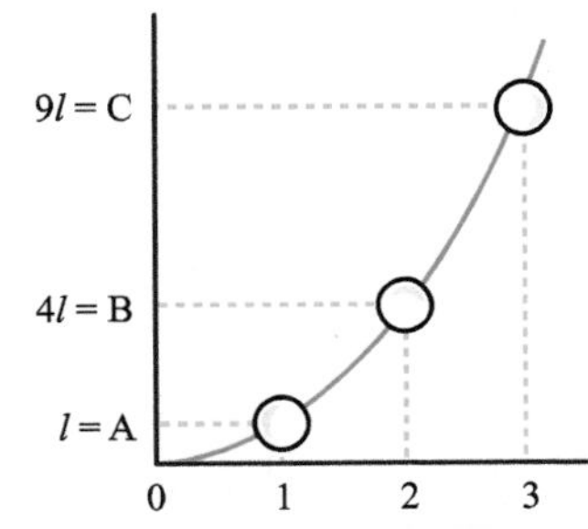

小故事

实际上，伽利略在做这个实验的时候，在斜面的沟槽内铺设了光滑的羊皮，小球用了圆滑的青铜球，计时器使用了漏刻（根据从容器中流出的水量来计量时刻的计时仪器），验证了“下落距离与时间的平方成正比”这一定律。

伽利略的发现③
不同质量的物体在真空中同时落地

“因为空气阻力的存在，所以纸球和铁球不可能同时落地……”在整个社会都认为越轻的物体下落得越慢的时代，实际上人们已经认识到了空气阻力的存在。伽利略为了不受制于这个认识的局限，就做了**理想化**、**简单化**的处理，提出了“假如没有空气存在”的假设。

自亚里士多德以来，人们对**自然界厌恶真空**这句话深信不疑。地球上不可能存在真空的想法在当时成为主流。确实，在那个连真空泵都没有的时代，人们没有办法排除空气的影响，只能通过直接观察，看到纸片因受到空气的阻力而随风飘落，并且将这种观察作为探求真理的捷径。而伽利略经过潜心钻研，第一次使用在“排除影响因素的干扰，将模型理想化、简单化”的基础上进行思考和实验的方法。

在斜面实验中，无论是重的球还是轻的球，几乎都会在相同的时间下落到斜面底端。**实验7**也是伽利略做过的实验，从中我们可以看到，水平运动和自由落体运动中，如果没有空气，或者使用可以忽略掉空气阻力的质量足够大的物体，就会明显看到下落方式没有差别。

后来，伽利略还对单摆特有的、被称为“单摆的等时性”的性质进行了证明。也就是说，即使单摆的质量不同，只要摆长的长度相等，单摆就一定会以相同的周期往复运动。即使物体的质量发生变化，但下落时间也不会改变。单摆的这个性质可表明“不同质量的物体在真空中同时落地”。

实验7　物体是同时落地的吗？

材料准备

尺子、名片、透明胶、硬币2枚、可以逐帧回放的摄像机

实验步骤

1 用透明胶将名片固定在尺子上，如图所示。

2 名片两侧分别放置一枚硬币备用。将尺子向一侧压弯，然后突然松手。

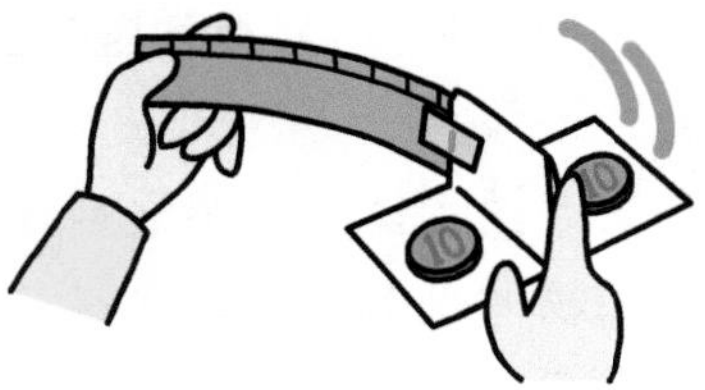

3 松手后两枚硬币会落到地板上。你可能会觉得水平投出的硬币落地时间会更长一些，但却是同时听到两枚硬币“当啷”落地的声音。

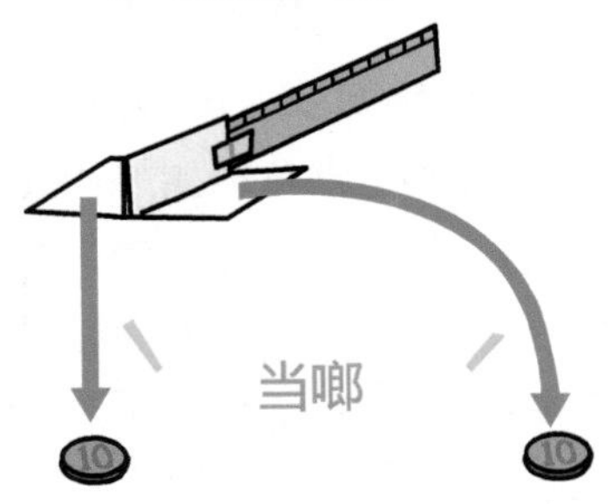

4 将刚才的投掷过程用摄像机逐帧回放看一看。帧间间隔定为1/30s。

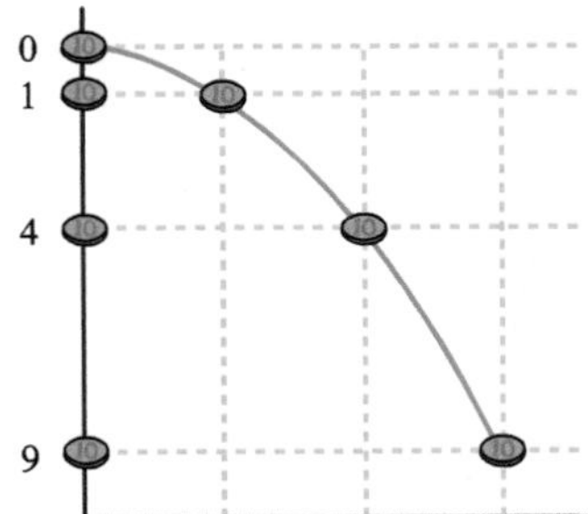

实验小贴士

尺子没有必要用弹性太大的，如果太大，水平飞出的硬币飞出的水平距离就会过大，可能会超出画面的范围。每5帧（1/6s）的时间间隔做一次位置标记，可以看到两枚硬币在垂直方向上经过的路程一致。在监控画面上迅速贴上便利贴，方便确认。

伽利略的发现④ 抛物运动是两种运动的合成

物体沿斜面下滑时，如果斜面越来越陡，最后成为垂直（铅直）状态，那么这时物体所做的运动就是自由落体运动；相对地，如果斜面越来越平，最后成为完全水平的状态，那么物体就会做匀速运动（随着倾斜程度的减小，斜面的加速能力越来越小）。伽利略最初的观点是，将物体水平抛出后，其运动轨迹从水平方向观察是自由落体运动，从垂直方向观察则是匀速运动。

乍一看，即使是貌似复杂的运动，只要改变观察的方向，就能将较为复杂的运动分解为相对简单的运动形式。现代社会为我们提供了功能强大的实验器材后，如摄像机，像**实验8**这样的实验，大家都可以方便、轻松地进行了。

自亚里士多德以来，人类一直在寻找物体离开手之后还能够继续飞行的理由，也就是人类被“物体是怎样实现飞行的”这个问题所束缚，却疏忽了对现象的观察。而且，运动理论在中世纪被宗教利用、被当做歪门邪说、被各种各样的哲学理论歪曲，伽利略最终向人们揭示了运动的本来面目。

伽利略创造了许许多多沿用至今的科学术语，如理想化、简单化、假设、验证等，他还倡导将数学引入物理，提倡思考和实验，诸多成就为他赢得了“近代科学之父”的美誉。但是，当时真的只有伽利略使用了这些科学方法吗？如果不是，是不是不为人知的智者们在那个时代默默地耕耘着，伽利略不过只是其中一人。不管怎么说，综合天时、地利、人和，他所在的文艺复兴的中心——意大利带来的时代之风打开了科学的大门。

实验8　将抛物运动分解

材料准备

橡胶球、摄像机

实验步骤

1 用三脚架把摄像机固定好。

2 将橡胶球斜上方抛出，注意让摄像机的镜头覆盖球的全部运动轨迹。

3 使用逐帧回放功能，在每10帧的时间间隔上用便利贴在画面上做标记。可以看到，橡胶球在垂直方向上的距离为1、4、9……的比例，而水平方向上是等间距的。

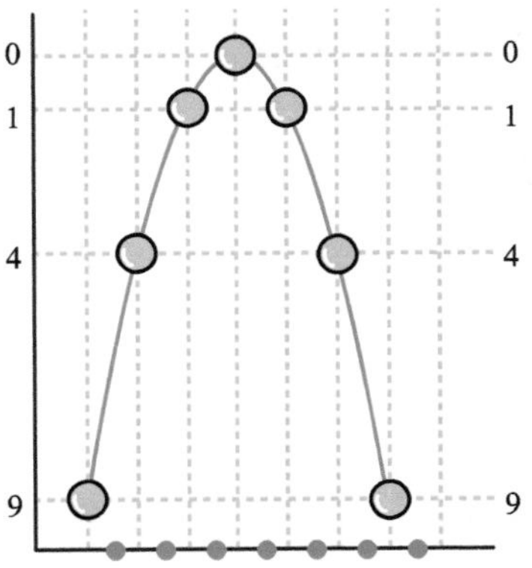

实验小贴士

这个实验在体育场等宽阔的地方进行效果会更好。抛出橡胶球时的初速度如果比较大，就选取每20帧作为时间间隔，如果初速度比较小，就选取每5帧作为时间间隔。橡胶球在水平方向上等间距，说明在此方向上物体没有受力。

力的分类

用两块偏光板把一块透明的塑料板夹紧，在凹凸不平的地方可以看到7种色彩的变化（这种现象称为光弹性）。我们能够看到的力作用在物体上，仅限于这种特殊条件。同样，物体在力的作用下发生形变或运动方向发生改变时，我们都能切实地感受到作用在物体上的力。

那么，我们来更深入地了解一下所谓的“力”。它大致分为两类。首先，我们把隔着空间传递的3种力——重力、静电力、磁力，称为场力。正电荷与负电荷、磁铁的N极与S极都会相互吸引，这些我们在小学的理科课程中就学过了。

在重力场中放置带有一定质量的物体，物体就会受到重力；在电场中放置带有电荷的物体，物体就会受到来自电场的静电力；在磁场中放置带有磁荷的物体，物体就会受到来自磁场的磁力。使物体受到力的这些“场”有着怎样的特性，又呈现什么样的形状呢？我们可以用**实验9**的方法，将“场”的特性和形状呈现出来。

另外，有些力的作用只有在相互接触时才会发生。物体撞到地板上就会“受到来自地板的力”、物体碰到墙壁就会“受到来自墙壁的力”。这些力被称为接触力。如果整面墙壁都是由图钉的针尖组成的话，不小心触到就会感觉到痛。这时，你就亲身体会到了墙壁的接触力对你产生的作用。

实验9　观察一下磁场是什么样子

材料准备

老式的卡带、剪刀、铅笔刀、白纸、磁铁

实验步骤

1 从卡带中拉出一段磁带。

2 用剪刀剪一段约20cm的磁带，两手用力拉直。

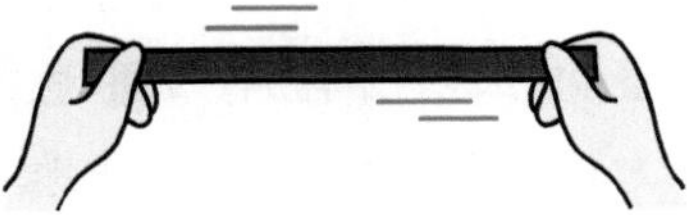

3 请其他人帮忙一下，在磁带的下方铺一张白纸，用铅笔刀在磁带表面来回刮几下。

4 来回刮磁带过程中，白纸上就会有纷纷落下的一些黑色粉末。在白纸下面放置一块磁石，并用手轻敲几下白纸，你就可以观察到磁力线的样子了。

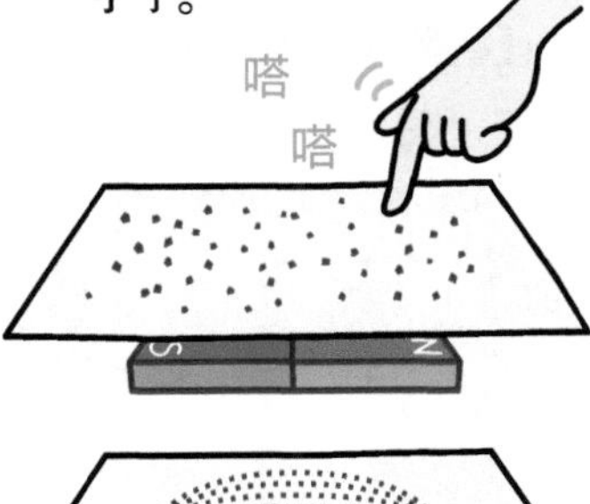

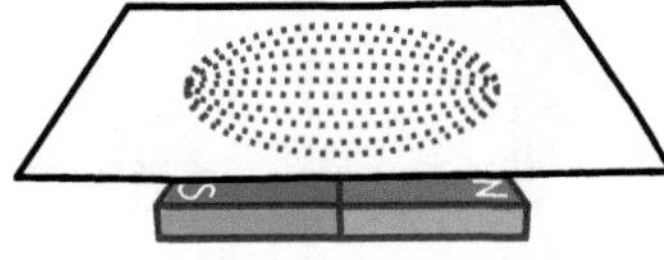

为什么?

磁带上面涂覆着记录用的铁、镍、钴等磁性物质，所以会受到磁场的作用。

道理相同的实验

塑料袋里放入磁铁，在沙场的沙堆中来回摩擦，这样就可以吸出很多铁矿砂。使用这些铁矿砂也可以做与上面相同的实验。

真空中的抛物运动

力可以分为场力和接触力两类。那么，以这种分类为前提，我们来看一下这个问题。

在地球表面完全封闭的实验室中，用真空泵制造出一个真空的空间。人进入真空会有危险，所以我们使用机器人来做实验。让机器人向斜上方抛出一个棒球，棒球会做抛物运动。想一想飞行过程中的棒球受到哪些力的作用，并用箭头表示出来。

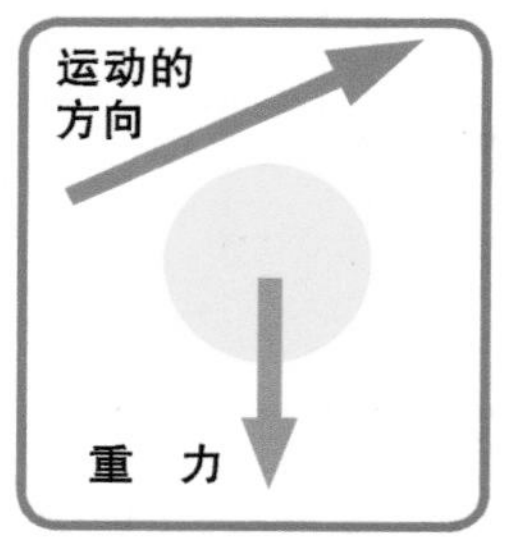

面对这样的问题，可能有些人会沿着棒球前进的方向画一个箭头。这是正确答案吗？

很遗憾，这是不正确的。正确答案是“作用在飞行着的棒球上的力，是垂直向下的重力”。为什么呢？这是因为在地表附近运动的物体必定会受到重力的作用。另外，由于地球的磁场作用，物体可能也会受轻微的磁力作用，但与重力相比，这个磁力是极其微小、可以被忽略的，所以我们可以说棒球受到的场力是重力。那么与飞行着的棒球接触的是什么呢？真空中没有空气，所以作用在棒球上的不是接触力。

实际上，作用在物体上的力的方向与物体的运动方向是完全没有关系的。喜帕恰斯、斐洛劳斯、布里丹认为的“手把某种东西转移给了物体，所以棒球会持续飞行”的这一概念，也表明让物体持续运动的“不是力”。因为物体从离开手的瞬间开始，只受到重力这一种力的作用。

实验10　场力是单方存在的吗?

材料准备

两块环形磁铁、厚纸片、台秤、吸管

实验步骤

1 用剪刀将吸管剪开，如图。用透明胶将剪开的部分粘到厚纸片上。

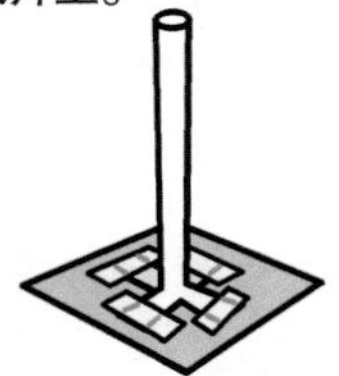

2 用台秤称一下两块磁铁的质量。比如说，称得两块磁铁都是10g。

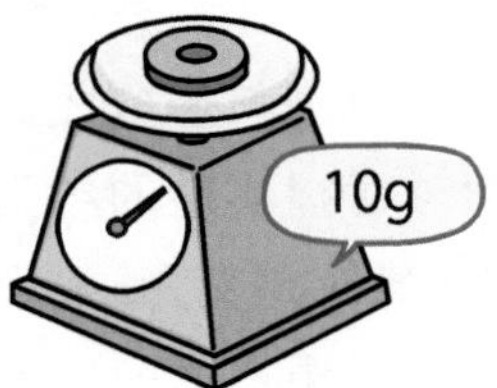

3 把厚纸片放在秤盘中，将一块磁铁套住吸管、放在厚纸片上，台秤显示质量为10g。

4 在吸管上方与秤盘上磁铁相斥的方向放上另一块磁铁。磁铁因为受到磁场的力的作用会浮在空中。那么，台秤的指针会显示多少克呢?

为什么?

从下图中可以清楚地看到，上方磁铁受到来自下方磁铁的磁力，下方磁铁也会受到这一磁力的反作用力。因此，台秤的指针会指示20g。

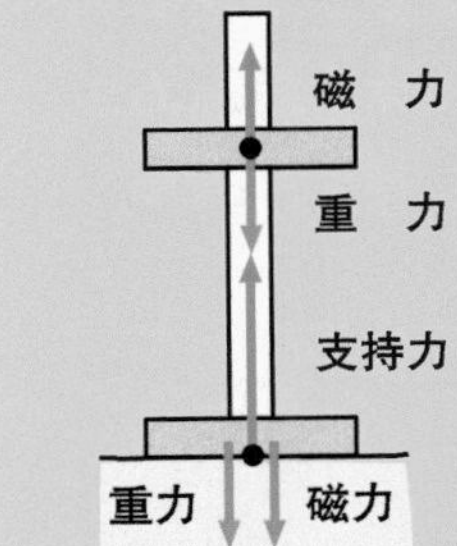

保存在物体中的是mv还是mv^2？

喜帕恰斯等人认为："物体在离开手的时候，手把某种东西传递给了物体并保存在物体中，因此物体得以持续运动"。那么，这种"东西"是什么呢？法国的勒内·笛卡儿认为它是动量。

手传递给物体的动量越大，物体就会以更快的速度运动，就能使更大质量的物体产生运动。笛卡儿认为：保存在物体内的动量应该用物体的质量（m）与速度（v）的组合来定义。他经过反复实验，证明了物体在摩擦阻力较小的斜面上下滑时，在斜面上的运动时间越长，重力在物体上的作用效果越大。

笛卡儿的实验表明，"圆球的质量一定时，它在斜面上的运动时间与通过斜面底端时的速度成正比"，另外，"当圆球在斜面上的运动时间为定值时，物体的质量与速度成反比"。所以，根据笛卡儿与惠更斯进行的两球对撞实验的结果，笛卡儿学派坚定地认为，保存在物体中的动量应定义为$m \times v$。

德国的莱布尼茨却不这样认为。他强调物体的运动距离，通过实验认为"圆球的质量一定时，它在斜面上的运动距离与通过斜面底端时的速度的平方成正比"，同时他认为"当物体在斜面上的运动距离为固定值时，物体的质量m与速度v的平方成反比"。据此，莱布尼茨学派认为，保存在物体中的动量应定义为$m \times v^2$。

实验11　长吸管吹出的棉棒为什么飞得远?

材料准备

两根吸管、剪刀、棉棒

实验步骤

1 将一根吸管剪至原来的1/3长。

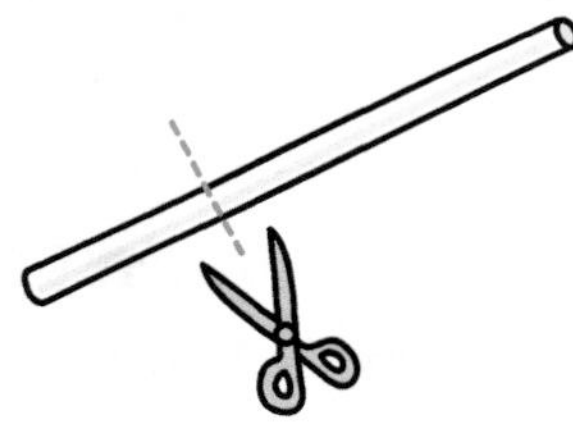

2 在两根吸管中各插入一根棉棒。

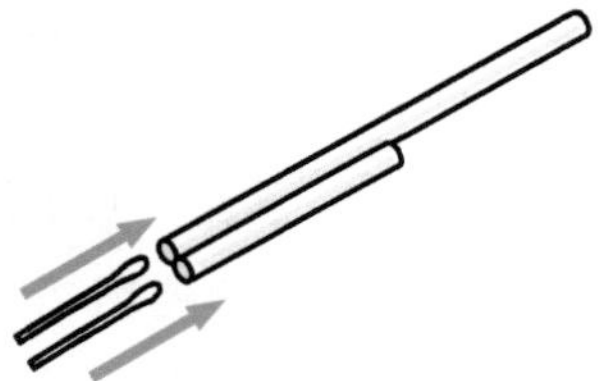

3 用嘴用力吹两根吸管的一端。

4 从长吸管里飞出的棉棒比从短吸管里飞出的棉棒要飞得远。用基本相同的力气吹吸管，为什么棉棒会飞得不一样远呢?

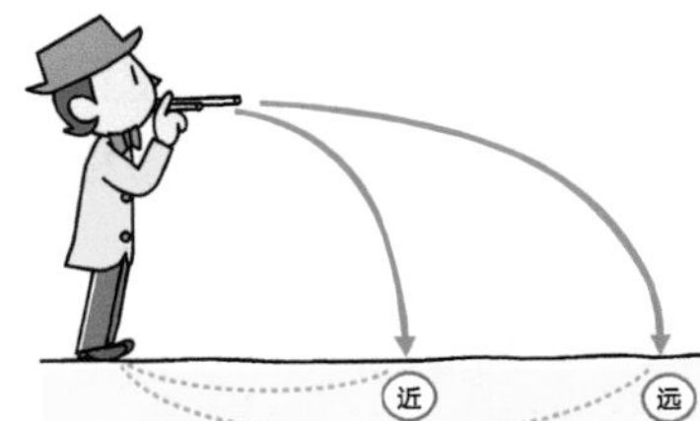

为什么?

嘴里吹出的气体能够推动棉棒飞出。因为两根吸管的横截面积相同，所以吸管里推动棉棒的“力”也相同，但是这个力的作用时间不一样。较长的吸管因为“力×作用时间”的值更大，所以从里面飞出的棉棒能够飞得更远。

动量守恒与能量守恒

1686年，莱布尼茨在其执笔的文章中提出“质量×速度的平方”应该命名为“活力”，由此笛卡儿学派与莱布尼茨学派开始了激烈的争论。这场争论持续了100年之久，直至19世纪末期，争论才宣告结束。

实际上笛卡儿和莱布尼茨二人的主张并没有矛盾，只是对于质量、速度、力三种不同物理量的组合在运动度量上的着眼角度不同罢了。1743年，达朗贝尔在其物理学著作《动力学》中提出，对“力”这个词语的使用方法应该更加慎重，这一主张是正确合理的。

作用在物体上的力的时间效果，也就是力×时间，与质量×速度成正比。这就是现代所谓的动量守恒。“力”不能被保存，但“动量”可以被保存。

而另一方面，力的空间效果，也就是力×距离与质量×速度的平方成正比。这就是现代所谓的能量守恒（动能用“1/2×质量×速度的平方”来表示）。“活力”并不能被保存，但“能量”能够被保存。动量与能量这两个不同的物理量，一言以蔽之都是在靠“力”维系，但这也是引起争论的原因。

我们明白了力×时间、力×距离这些保存在物体中的“力的效果”所引起的运动状态的变化，那么“力”这种东西会给运动带来什么直接的变化呢？这个问题，只能等待伽利略与牛顿来回答了。

实验12　10日元硬币的碰撞实验

材料准备

10日元硬币

实验步骤

1 将5枚10日元硬币并列排放在水平桌子上的尺子上。

2 将最右侧的硬币拿开，从右侧向左侧沿尺子弹出，使之与左边的4枚硬币发生碰撞。

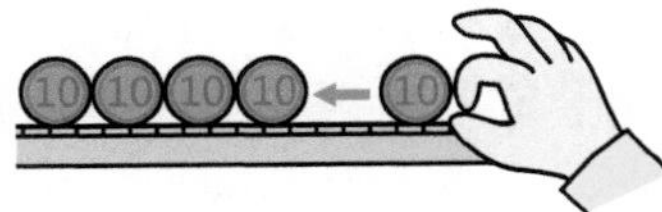

3 最左侧的1枚硬币以相同的速度飞了出去。

4 再试一下用2枚硬币从右侧碰撞，这次左侧的2枚硬币飞了出去。

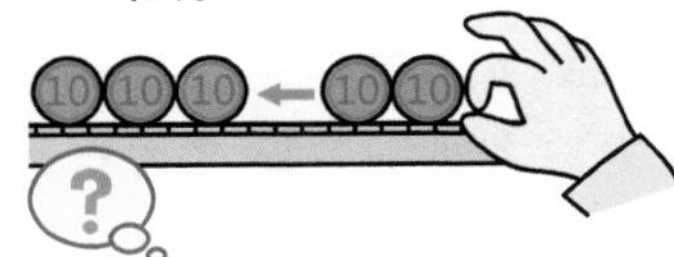

5 那么，用3枚硬币碰撞剩下的2枚硬币，会是什么情况呢？请自己动手做做看。

道理相同的实验

把小圆球用透明胶粘在细线的正中间，作为一组道具。准备5组这样的道具，用两根木筷子将5组道具水平悬挂起来。你可能在一些室内装饰中也看到过类似的装置。用一侧的1个小球碰撞时、另一侧的1个小球飞起；用一侧的2个小球碰撞时、另一侧的2个小球飞起。与上面的硬币实验道理相同。

实验小贴士

如果碰撞的力不足够大、或不是正面碰撞，实验就不能正常进行。正面碰撞的话，就能达到实验效果。10日元硬币要完全紧挨着。通过这个实验，我们能明白物体碰撞之前和之后，动量（质量×速度）能够被保存下来，即动量是守恒的。

怎样定义力的大小?

我们已经知道，改变物体的运动形式的是力，但是我们无法直接用眼睛看到力的方向与大小。原来静止的物体开始运动、直线运动的物体开始做曲线运动，这些现象告诉我们物体受到了力的作用。然而，有没有什么方法可以衡量物体受到的力的大小呢？研究力与运动关系的第一步就是如何定义力的大小。

说到力的大小，有一种测量力的大小的很好的工具——弹簧。弹簧的伸长量与所施加的力的大小成正比。为了纪念这一定律的发现者罗伯特·胡克这条定律被称为胡克定律。

1678年因胡克定律闻名于世的英国物理学家、同时也是生物学家的罗伯特·胡克将某种程度上可以说是从实验与经验得出的结论整理为科学论文。应用这一定律，我们就可以用标准弹簧来定义力的大小了。

然而，对于运动中的物体，直接用弹簧来测量其受力显然是行不通的，更谈不上是有效率的。因此，对于力的定义，我们不应该在动力学中讨论，而应该在伽利略最先开始研究的静力学领域中讨论。

伽利略虽然揭示了各种各样的动力学法则，但实际上他是在进行静力学研究时发现的这些法则。他在1640年左右发现了物体在外力作用下刚开始运动时，单位时间内的运动距离与物体所受的外力成正比这条定律。这个发现揭开了力与运动的关系之谜，标志着人类向伟大的力与运动定律迈出的第一步。

实验13 比较一下弹簧的强度

材料准备

拉伸弹簧（线径1mm、外径1cm、长13cm）4根、砝码

实验步骤

1 分别用两根弹簧挂相同重量的砝码，以确认两根弹簧的伸长量相同。

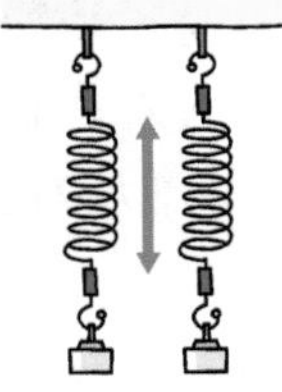

2 然后直接将两根弹簧连接起来，再挂上相同的砝码，这时两根弹簧总的伸长量是①中的多少倍？

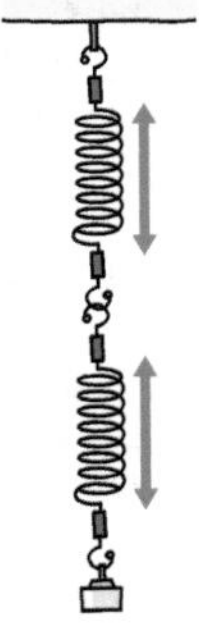

没有弹簧时怎么办……

一些用于锻炼肌肉的拉力器中会并排使用四五根弹簧，可将其拆卸下来，用在实验中。

3 将两根弹簧并排在一起，在其底端悬挂一个砝码，看看这时弹簧的伸长量是多少？

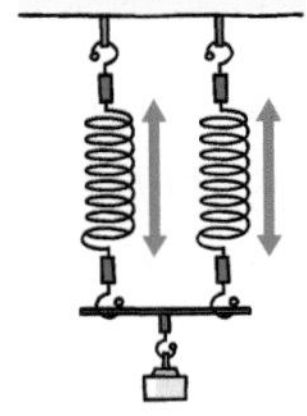

4 然后将并排起来的弹簧增加到4根，看看此时每根弹簧的伸长量。你有什么发现吗？

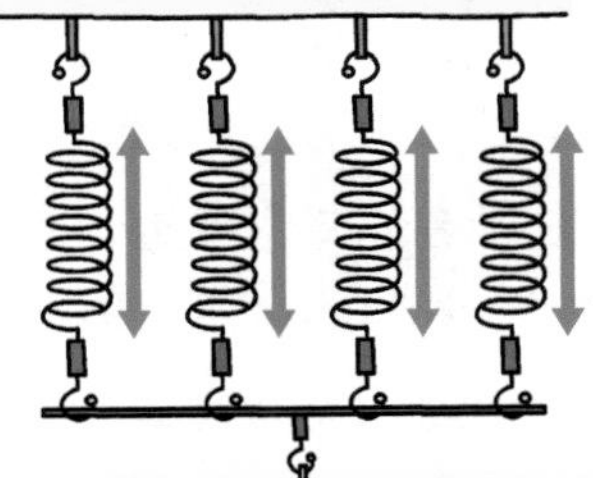

为什么？

当弹簧的重量比砝码轻得多时，②中弹簧的伸长量是①中的2倍，③中的伸长量是①中的1/2，④中的伸长量是①中的1/4。要想增加弹簧的强度，可以将几根弹簧并排制成1根弹簧。

力是如何改变运动的？

亚里士多德时代之后，人们都相信如果不持续给物体施加一定的力，物体就不能以一定的速度持续运动下去。因为人们都能注意到，如果没有马持续不断的拉动，马车就不会前进。伽利略提出的观点是持续给物体施加一定的力，物体的速度就会越来越快。例如，给静止的物体施加一定的力让物体运动，经过1s的时间速度成为某一数值，那么给物体施加2倍的力时，1s后物体的速度会是前一种情况下速度的2倍。

每秒钟速度的变化量（速度增加的比例），我们称其为加速度。以每秒钟2m的速度前进的物体，用1s的时间加速到每秒钟5m的速度，其加速度就表示为$3m/s^2$。伽利略于1640年发现同一物体运动在外力的作用下发生运动时，物体所受的外力与加速度成正比。但是，这是伽利略临近去世之前在《关于两门新科学对话》一书的第2版中以脚注的形式记录下来的。他自己也没有想到这个脚注会是一个世纪大发现。

就在伽利略去世（1642年）第二年，艾萨克·牛顿在英国出生了。为了完整地理解并接受伽利略的科学遗产，牛顿用自己创立的微积分方法再次思考力与加速度的关系，终于从数学上证明了“对于相同质量的物体，所受的外力与加速度成正比”这一定律。

经过了将近四十年的时间，伽利略的脚注终于变成了真理。数学家欧拉认为，用微分方程的形式来表示这一法则标志着所有运动现象的基本法则——“运动方程式”的完成。

实验14　持续施加相同的力的效果

材料准备

橡皮筋、长尺、力学实验小车或者可以自由滑动的小车、玻璃球

实验步骤

1 将长尺、橡皮筋、力学实验小车连接起来。

2 用橡皮筋钩住小车，用尺子拉住橡皮筋带动小车运动，并保持橡皮筋的水平伸长量为5cm。这个程度比较难把握，需要反复练习几次。

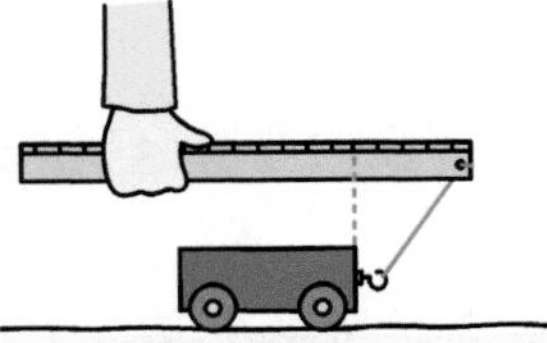

3 请坚持尽可能让小车走更长的距离，你会发现小车的速度越来越快。如果是高中物理实验的话，小车的后面会连接打点计时器。用记录在纸带上的点的间隔可以求得速度增加的比例（加速度）。

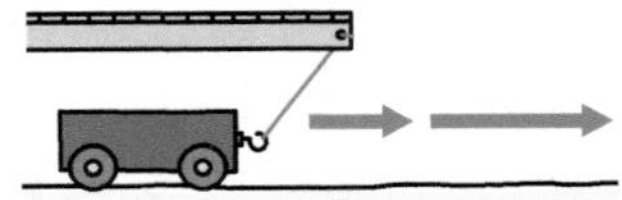

4 想要更加简单地确认这个现象的话，可以把尺子平面向上压在一颗玻璃球上，并保持着持续压力，不让尺子离开球。只要这个一定的力持续存在，玻璃球的速度也会越来越快。

小故事

要使橡皮筋的长度保持一定并持续牵引，需要练习很多次。这个实验作为确认运动方程式的实验，几乎会出现在所有的高中物理教科书中。

力与质量、加速度的关系

将质量为1kg的物体放在没有摩擦力的平面上，对物体持续施加力的作用，使物体以$1m/s^2$的加速度运动，那么这个力的大小就是1N（牛）。从牛顿的实验和证明中我们知道，**质量（m）一定时，力（F）与加速度（a）成正比**，也就可以推导出，**力（F）一定时，质量（m）和加速度（a）成反比**（物体的质量越大，加速越困难），用运动方程式的形式来表述三者的关系就是$F=ma$。

仔细看下这个式子，也许你会觉得有点奇怪。一般我们看到的乘法，比如6=2×3，其意义就是把2连续相加3次，得到了结果6。但是，这个运动方程式的形式是质量与加速度相乘，却得到了物体所受到的合力。

如果从**产生运动的原因与结果的关系**考虑的话，就能够理解这个式子了。给2kg的物体施加6N的外力，物体就会以$3m/s^2$的加速度运动。也就是，$F=ma$表示的是：**运动的原因（F）=物体的条件（m）×运动的形式（a）**。这样我们就明白了，运动方程式揭示的是运动的原因与结果的关系。

运动方程式真的对所有的宇宙星系都成立吗？运动方程式公布的当时，引起了各种各样的臆测。然而，太阳系尽头的天王星被发现的时候，因为其实际轨道与理论值不相符，就有科学家使用运动方程式进行计算，预测出天王星之外的轨道上还存在着其他带有质量的行星。根据这个信息，科学家用天文台的望远镜开始进行观测。1846年，人们终于在被预测的位置上发现了海王星。这就是运动方程式取得的胜利。

实验15　质量与加速度

材料准备

尽可能重量大又平坦的石块、手掌可以握住的小石块、锤子

实验步骤

1 将小些的石块放在手掌上，用锤子敲击石块使其破碎。

2 随着敲击的声响，石块碎了，但手掌也觉得有些疼。

3 取大的石块放在手掌上，大石块上面再放上小石块，用锤子砸向小石块。这次手一点也不会觉得疼。

4 你也许看到过这样的街头表演，赤裸上半身的特技演员躺在钉有数以万计钉子的大板子上，腹部再压上一块大石头，随着大锤子“梆”的一声打在大石头上，演员的背部并没有被钉子刺伤。显然这与③是一个道理，但钉子没有刺破背部的原因，你明白了吗?

为什么?

②与③中施加的是基本相同的击打力，即两种情况下运动方程式中的F是大致相同的，但是②中的质量m要小一些。质量与加速度成反比，加速度如果很大，对手掌的冲击力就会很大。③中的质量m相对要大很多，因为质量与加速度成反比，所以加速度会变小很多。加速度很小的话，也就是说石块基本没有动，所以对手掌基本没有形成冲击。 还有一条定律，质量越大的物体惯性越大，这个定律将在后面的章节解释。

物体的受力平衡

运动方程式$F=ma$的特点是，等号左边是物体受到的合力。比如说，水平向右、大小为5N的力和水平向左、大小为2N的力同时作用在一个物体上，那么物体受到的合力就是3N，方向水平向右。即使有很多力同时作用在物体上，我们也可以使用平行四边形法则逐步将力合并，最后将所有力的作用效果等同于一个力的作用效果。最后一个力的作用方向与物体的加速度方向相同。也就是说，运动方程式是带有方向的向量表达式。

那么，式子左边为零时，物体处于什么样的状况呢？式子左边为零意味着物体所受的合力为零，我们把这种状态称为受力平衡。受力平衡的话，物体就处于静止状态吗？请再认真看一下运动方程式，左边为零（合力为零，也就是受力平衡）=质量×加速度（零）。加速度为零的话，说明物体处于既不加速也不减速的状态，运动的物体就会持续做匀速直线运动。这就是我们下面要介绍的惯性定律的内容。

“作用在物体上的力达到平衡时，如果物体处于静止状态，那么它就将持续静止；如果物体处于运动状态，那么它就将持续做匀速直线运动。物体这种保持原有运动状态的性质称为惯性。”这就是有名的惯性定律。在牛顿所提出的三大运动定律中，第一定律也称为惯性定律、第二定律是运动方程式、第三定律是关于作用力与反作用力的定律。牛顿独自思考、原创出来的定律实际上只有牛顿第三定律。

实验16　剪断上面的线？剪断下面的线？

材料准备

重物（只要是重的物体就可以）、线2条

实验步骤

1

如图所示，把两条线分别牢固地固定在重物的两端，并悬挂起来。上面的为A线，下面的为B线。

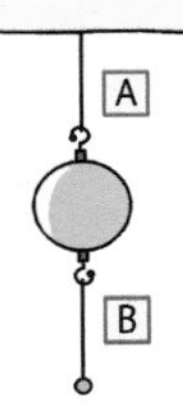

2 只向下拉B线、不剪B线，请剪断A线。

3 这次还是只向下拉B线，不剪A线、而剪断B线。

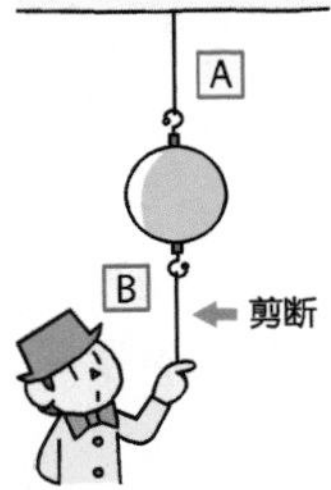

问　题

慢慢地向下拉B线的话，哪根线会先断？突然向下拉B线的话，又是哪根线会先断？

为什么？

慢慢地向下拉B线的话，A线受到重物的重力和B线的拉力两个力的合力，所以上面的A线会先断。

但是，突然向下用力拉线B的话，重物因为惯性会有保持在原位置的趋势和性质，所以B线先断。

这个实验成功的关键是，要想使A线断开，要非常缓慢地向下拉B线，要想使B线断开，要猛地突然往下用力一拉，否则实验不会成功。熟练后，这个实验也会成为晚会表演上不错的小节目。

日本有一个“隐藏才艺大赛”，其中就有在保持桌布上的餐具不挪动的前提下，一下子把桌布拉走的技艺。这个技艺与实验中的③相似。它们都利用了静止的物体有继续保持其静止状态的性质。

伽利略的假想实验与惯性定律、惯性质量

惯性定律是什么时候被发表并被人们关注的呢？伽利略1632年所著的《关于托勒密和哥白尼两大世界体系的对话》一书中，用萨尔维阿蒂（改革派）与辛普利邱（亚里士多德派）两个人对话的形式，解释了各种各样的动力学观点和定律，这里介绍关于惯性定律的非常有名的一段章节。

萨尔维阿蒂（以下简称“新”）：**把圆球放在光滑的斜面上，球会做怎样的运动呢？**

辛普利邱（以下简称“旧”）：**当然是向着斜面的低处加速运动了，如果斜面无限延长的话，球就会无限加速。**

新：**那么圆球沿斜面从低处冲向高处时，又会做什么运动呢？**

旧：**球的速度会越来越慢。**

新：**那么把球放在一个上下倾斜度都为零的平面上会怎样呢？**

旧：**因为斜面向下倾斜的角度为零，所以圆球没有运动的自然的倾向；而且斜面向上倾斜的角度也为零，所以圆球也不会受到阻力。圆球既没有推力也没有阻力，因此球会处于静止吧。**

新：**如果在平面上慢慢地放上一个球，然后向水平方向弹一下呢？**

旧：**在平面上加速和减速的原因都没有，所以只要平面无限延长，球会以相同的速度持续运动下去。**

伽利略用这种方式把“放在平面上的物体有持续做匀速运动的性质（物体带有惯性）”这一定律记载下来。

另外，惯性定律还有一种表现，这种表现被记载在1638年

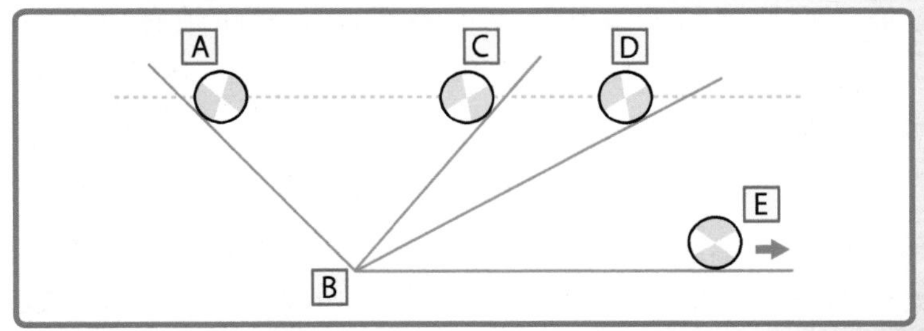

出版的《关于两门新科学的对话》一书中。

“就像单摆左右摇摆、两侧会到达相同的高度一样，圆球从A处开始沿着AB方向落下后，如果沿着斜面BC运动，会上升到与A相同高度的C处。同样地，圆球从A处落下后，如果沿斜面BD运动，那么会上升到与A相同高度的D处。如果另一侧为水平面BE，那么圆球从A处落下后在到达与A相同高度的位置前，将会一直持续做匀速运动。”

这种方法被称为**假想实验**，假想实验给近代科学的发展带来了巨大的影响。伽利略也多次运用这种实验方式。

我们在此之前讨论的“匀速运动”还没有涉及运动方向。实际上，伽利略设想的向上向下都不倾斜的面不是平面，而是与地球的地平线平行的**同心球面**。伽利略意识到，我们看到的平面是巨大球体的一部分，所以我们看到的不是匀速直线运动，而是匀速圆周运动，这就是伽利略所思考的惯性定律。匀速直线运动这种自然的永恒运动实际上是象征天体运动的圆周运动，伽利略也无法逃脱这个普遍理论范畴。

- **自然法则一（简述）：不管什么样的物体，通常都会停留在相同的状态。**
- **自然法则二：所有的物体都有做持续直线运动的倾向，而不是曲线运动。**

成功摆脱这种圆周运动论的是在动量方面颇有建树的**勒内·笛卡儿**。他在1644年的著作《**哲学原理**》一书中，以发展的眼光重新审视了伽利略的惯性定律。

惯性定律在本书中第一次被整理为持续静止和持续匀速直线运动两种方式。牛顿于1687年所著的《自然哲学的数学原理》一书中归纳出了惯性定律（运动第一定律）。所以，运动第一定律可以说是历代科学家们集体智慧的集大成。

请再一次想想运动方程式$F = ma$。从计算公式的角度来看，F为定值时，m的值越大，a的值会越小，m与a两者成反比的关系。m值越大，要使物体加速就越困难，需要更大的力才能使其运动起来。m值如果比较小的话，用同样大小的力就会轻松使物体加速。因此，质量m的大小可以说是“使物体运动起来的难易程度的大小”。m值越大，驱动物体越困难；m值越小，驱动物体越容易。也就是说，m表示了**惯性的大小程度**，因此我们也可以称m为**惯性质量**。

惯性质量的测定方法很简单。把质量待测的物体用线悬挂起来。物体的重力与线的拉力平衡，所以物体受到的合力为零。从水平方向向这个物体施加外力F，如果测出了其加速度a，那么用F/a就可以求出物体的惯性质量，惯性质量与重力无关。

实际上还有一种利用重力测定物体质量的方法。将作为质量标准的物体A与待测质量物体B放在天平的两侧，测量从支点的平衡距离，根据二者的比例，就可以计算出物体B的质量是物体A的多少倍。使用这种方法即使在月球上也能够测量物体的质量，用这种方法测出的质量称为**引力质量**。

大家在上中学时就学过“即使在月球上质量也不会发生改变”这种表述方法。这里的“不会改变”指的就是引力质量。

实验17　意料之外的惯性定律实验

材料准备

塑料瓶、水、泡沫塑料、线

实验步骤

1　把一小块泡沫塑料固定在线的一端，用水注满塑料瓶并盖好盖子倒置，使塑料泡沫在瓶子里上浮起来。

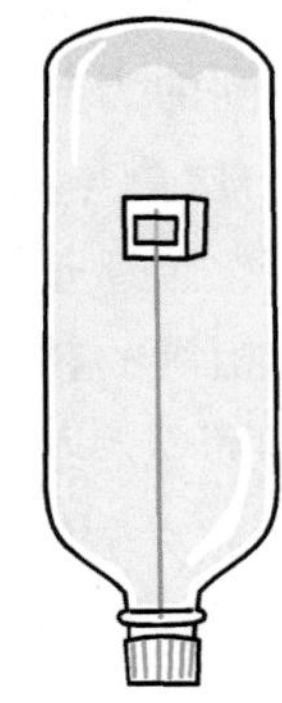

2　然后，突然向右侧迅速移动塑料瓶。你是不是以为泡沫塑料会向左侧移动？但是它却向右侧移动了。

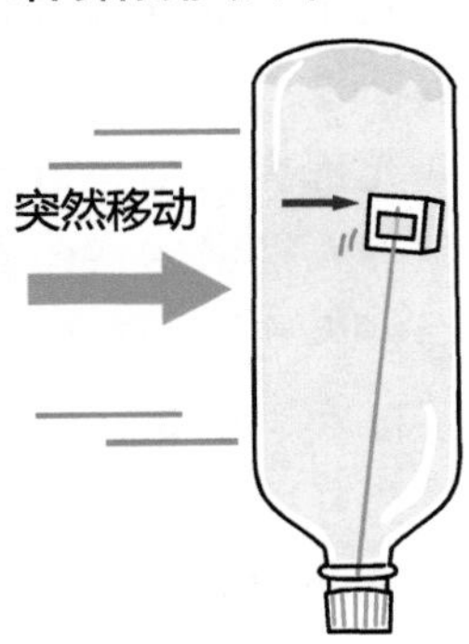

3　接下来，将向右移动的瓶子突然停止运动。你是不是以为泡沫塑料会向前，也就是向右侧运动呢？但是，它却向左运动了。

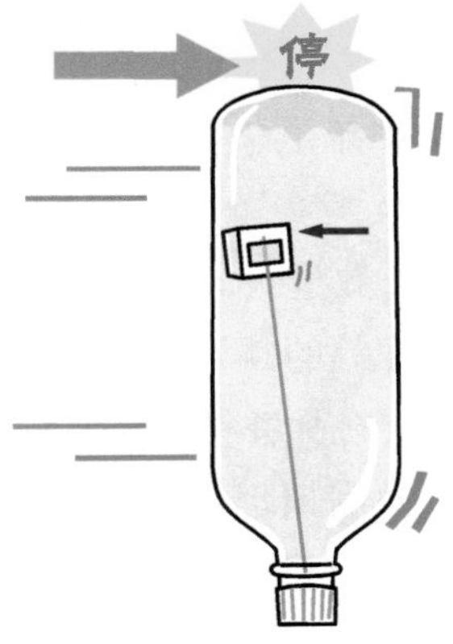

为什么？

质量越大的物体就越容易保持其原来的运动状态，即惯性越大。塑料瓶中的水和泡沫塑料哪个惯性大一些呢？答案是水。因此，在②的情况下，突然向右侧移动瓶子的话，水就有停留在原来位置的倾向，瓶子的右侧聚集了很多水，结果就把泡沫塑料挤压到了左侧，从而出现了实验中的现象。

广义相对论与包含质量来源之谜的基本粒子

从两个完全不同的角度分类，质量可以分为惯性质量与引力质量两类。一类是由运动方程式$F=ma$决定的“衡量惯性大小的尺度”，还有一种是“由地球等星体的引力而产生的衡量重力大小的尺度”。物体运动的难易程度与重力的大小看似是完全没有关系的。但奇妙的是，这两种不同的力却可以完全一致。惯性质量与因地球的引力而产生的引力质量是相同的吗？

1896年厄缶、1963年狄克、1964年布拉金斯基这三位科学家通过反复实验，将惯性质量与引力质量相等的精确度提高到了10^{-12}的数量级。所有的实验均证实了惯性质量与引力质量的测量值是相等的。为什么惯性越大的物体重力越大呢？向这个巨大谜题提出挑战并彻底将其解释清楚的是**阿尔伯特·爱因斯坦**。

在爱因斯坦于1914年发表的论文《广义相对论纲要和引力理论》中有过记载：带有一定惯性质量的物质存在于空间中的话，空间会产生变形，这种空间变形的程度（度量）正是重力。爱因斯坦以这一理论观点为基础构建了可以称为近代物理学最高峰的物理学法则——广义相对论。

在具有大惯性质量物体的周围，连光都会被物体所吸引、以至于产生弯曲。有这种想法的爱丁顿等人根据1919年对日全食的观测，确认了经过太阳附近的光会产生弯曲的事实，爱因斯坦的广义相对论的正确性从而得到了证实。于是，全世界掀起了一股“爱因斯坦热潮”。

P18曾经提到：力可以分为“场力”和“接触力”两大类，实际上还有一种作用在加速运动物体内部的力，称为**惯性力**。

电梯突然启动并开始垂直向上以加速度a逐渐加快，若是以物体为参照物，看起来就仿佛有一个方向垂直向下、大小为ma的力作用在该物体上，因此我们称这个力为惯性力。从电梯外看，电梯内的物体带有惯性，所以物体有继续保持原来静止状态的倾向，因这种倾向而产生的惯性力实际上并不存在，实际存在的只有将该物体加速的力。电梯内部的人会真实地感受到有一股垂直向下的力在起作用，这就是惯性力。

假想一下，电梯内是完全黑暗的，而且电梯始终以加速度a持续向上运动的话，其中的物体会一直受到大小为惯性质量m×加速度a的垂直向下的力。电梯里的人无法区分这个垂直向下的力到底是纯粹的惯性力，还是因为在地球附近而受到的重力，这就是**等价原理**的基本含义。惯性质量与引力质量的关联因为等价原理更加密切了。等价原理是爱因斯坦于1907年提出的，这一原理成了他“一生中科学思想的杰出代表”，同时也为他后来提出的广义相对论打下了坚实的基础。到目前为止，人们还没有发现能够推翻爱因斯坦这一理论的观测结果。21世纪，人类永远的谜题——惯性质量存在的原因，即**为什么会存在惯性质量**成了力学领域最尖端的研究。

137亿年前，宇宙从一次**大爆炸**中诞生了。在宇宙诞生的一刹那，为什么带有“惯性质量”的物质会出现，而且为什么这些物质会带有“惯性”？正在向这个谜题挑战的是位于瑞士日内瓦的**欧洲核子研究组织**的正负电子对撞加速器。基本粒子之一的希格斯粒子将质量赋予了大爆炸时产生的各种各样的物质，希格斯粒子的真正面目、也就是惯性的真正面目成为当代物理学家们孜孜不倦地研究和奋斗的目标。

结 语

虽然牛顿运动方程式在处理我们日常的运动现象或者地球、太阳程度大小的星体运动时是成立的，但是在处理接近于光速的运动或黑洞等大质量物体的运动时，就必须使用爱因斯坦的广义相对论这种全新的计算方式了。

对力学领域的一些阐释和介绍在此就告一段落了。这个领域传递着物理学的无穷奥妙和乐趣，充满着耐人寻味的故事。物理学绝不是高高在上、远离生活、枯燥无味的学科。它有时是对立、矛盾的，有时是交融、连续的，它需要人类一代又一代接连不断的思考、多种理论相互补充形成知识网络来构筑。

不夸张地说，人类对力学的研究历史是一部人类研究自然的思想史。人类已经掌握了很多种解释自然现象的方法，比如实验、计算等，但是人类不可能解开所有的自然之谜，因此我们不应当骄傲自满，应该怀着敬畏的心情与谦虚的态度来面对自然、思考自然，摒弃多余的杂念，探寻自然之谜。

从力学研究的意义来看，在感叹当今科学方法先进的同时，我更加叹服奠定力学基本思考方式的伽利略的伟大功绩！

第 2 章

热学的研究

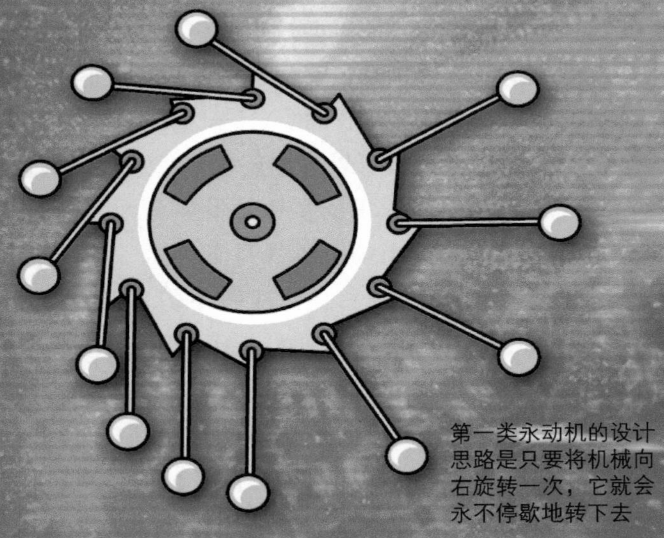

第一类永动机的设计思路是只要将机械向右旋转一次，它就会永不停歇地转下去

热是什么

气体分子的运动

热机的原理

热力学第二定律

热的传递方式

我们都知道，对冰块持续加热，冰块就会融化成水，再继续不断地加热，水就会变为水蒸气。物质根据温度发生了3种状态的变化，那么在原子水平上，物质的结构有了什么变化呢？热究竟是什么？可以说，人类对热的研究历史是一段众说纷纭、流派纷呈的历史，这个过程的戏剧性一点也不亚于力学的研究历史。

古人对热的认识

物体放在太阳光下，不断受到摩擦的话，物体温度就会升高。“物体的温度之所以会发生变化，是因为有热量的转移。”现在看来这只不过是常识，但是19世纪初人们才真正开始明白这其中的原理。实际上，我们明白这一原理的历史并不算长。

对热的思考最早可以追溯至亚里士多德时代。公元前350年左右，古希腊学者亚里士多德将世界分为明确的两部分：一部分是我们生活的地上的世界（月下界），另一部分是天空、即天体的世界（天上界）。构成月下界的最基本元素是火、风（空气）、水、地（土）四种，天上界是由神灵掌管的第五种元素构成的。这四种元素被视为具有“干、湿、冷、暖”等特征的结合体，并且四种元素都有回归其原本位置的性质。亚里士多德还认为，月下界的最上方是火，是最适宜居住的位置，火之下是风与水，最下面是土，也就是大地、地球的最中心。

亚里士多德认为，木头相互摩擦可以生成火，这是因为木头中含有“火的元素”。对物体施加各种作用，物体内部的元素就会释放出来，物体因此会回归其本来面目……从现象表面乍一看，这种解释好像很有道理，但是却不能称其为科学的解释。**实验1**将介绍一个非常有名的摩擦生热起火的实验。古人认为，热产生的原因是物体本身含有的物质，这种物质会以混合物或者元素的形式存在。这或许就是人们把自然中的某些物质称为燃素或热质的原因。

实验1　试试看，摩擦生热起火

材料准备

木棒、木板3块、细绳、锥子、木工胶、锯

实验步骤

1. 在木棒的一端用锥子钻开一个绳子可以自由穿过的洞，将绳子从洞中穿过去。

2. 在四边形木板的两侧各钻开一个孔，在木板正中间再开一个能让木棒通过的孔。

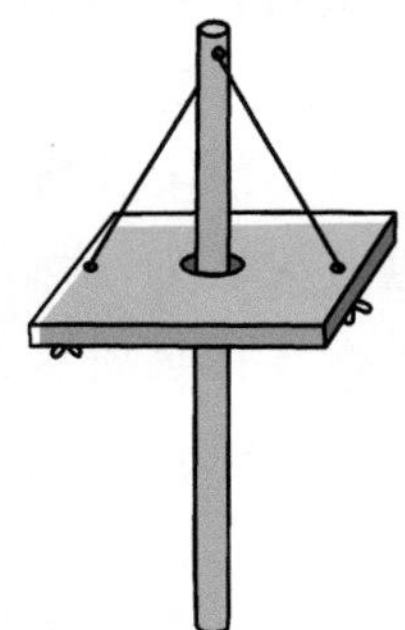

3. 将第二块木板制成圆形，木棒的下方与圆形木板接触处用木工胶粘住。

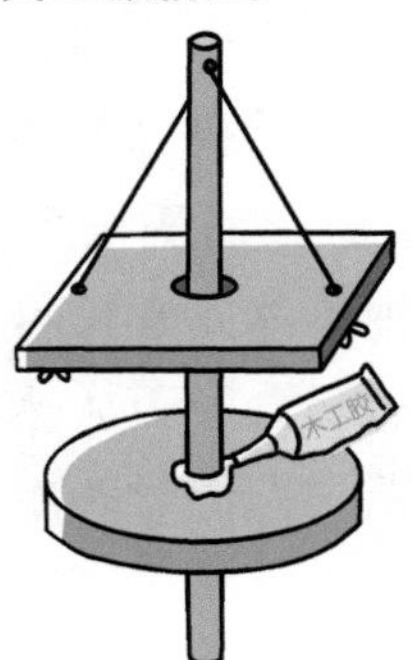

4. 在第3块板子上挖一个凹槽，凹槽里事先放上碎木屑。用绳子拉动木板左右转动，凹槽处不久就会起火了。

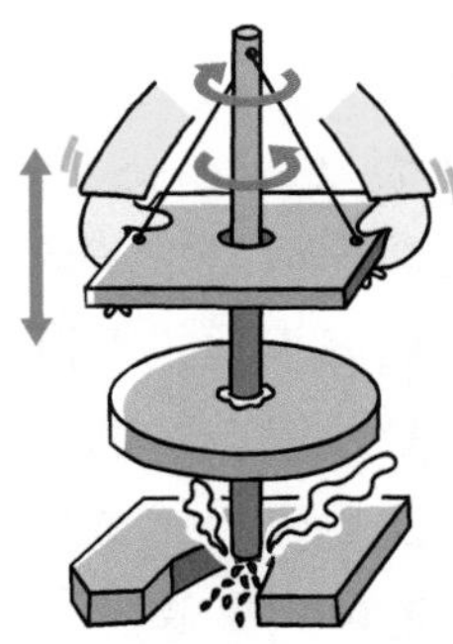

实验小贴士

凹槽与木棒之间务必要留有一些空隙。稍微重一些的圆形木板会让木棒更容易来回转动。小火苗出现的时候，轻轻吹一下，会更容易起火。

燃素说与热质说

17世纪，燃素说这种理论第一次被提出来。人们尝试了各种各样的方法想要从混合的可燃物中分离、抽取出被称为燃素的纯物质，但最终都宣告失败了。有很多种方法都可以分离物质，**实验2**就介绍了其中的一种——吸附法。

既然不能简单地分离出物质中的燃素，热的本质就应该是物质中所包含的更小的元素吧？基于这种想法，热质说被提出来了。热质（caloric）一词，是现在常用的热量单位卡路里（calorie）一词的来源。当时的科学家们一心想要找到所有的热质，他们积极地投身到各种实验中。也有人认为，热质既然是一种元素，就会有固体热质、液体热质、气体热质这样的不同形式。连主张“质量守恒定律”的拉瓦锡，还有创建原子论模型的道尔顿，都曾把热质作为元素来考虑。

然而18世纪末，美国人伦福德发现，利用金属大圆筒、使用钻孔机制作大炮炮身的时候，只要持续加工，大炮就会产生大量的热。他想“不管金属圆筒含有多少热质，它们产生的热量早就超过金属圆筒包含的热质本身了。热质会无穷无尽地散发出来吗？这不是太奇怪了吗？”于是他开始研究摩擦生热。从这个研究中，伦福德发表了“运动是一种热质吗？”的观点。英国的戴维（使用电解方式提取各种单体元素的科学家）也在学会杂志中发表论文，试图从对冰的研究中否认热质说，但是他的实验和结论在当时没有受到重视。人们对热质的探求一直延续到19世纪初。

实验2　从混合物中去除成分（吸附法）

材料准备

冰箱除臭剂（活性炭）、漏斗、滤纸、蓝墨水、2个杯子

实验步骤

1 将滤纸卷成筒状，放入漏斗中，再把活性炭放入其中。

2 在一个杯子中倒入水，滴入几滴蓝墨水稀释开来。

3 用盛水的杯子接在漏斗下方，用另一个盛有稀释墨水的杯子缓缓地将墨水从活性炭上方倒入漏斗。

4 随着活性炭起作用，流入盛水杯子的水变得透明了，因为墨水中的色素成分被活性炭吸附了。

实验小贴士

蓝墨水如果太浓的话，活性炭可能不会吸附干净。活性炭的表面凹凸不平，表面积非常大，可以吸附很多物质。

热是能量的一种形式

19世纪初期，整个欧洲都在对能量进行着各种各样的研究，能量的定义也逐渐明朗起来。得益于第一次工业革命中不断完善的蒸汽机的研究和应用，各种关于能量的认识，如“物体因位于参照平面以上而具有做功的能力”的**势能**、“运动中的物体，质量越大、速度越快，其做功的能力越强”的**动能**等，与现在初高中学习的物理知识已经基本相同，但唯独对“热”的研究却被搁置一边。

最先对势能与热能进行详细研究的科学家是1818年生于英国的**焦耳**。他反复让重物下落，使与重物相连的叶片不断转动反复搅拌水，并通过测定水升高的温度，确认叶片的转动次数与水温的关系。根据这个实验，他发现“让1g水上升1℃的1卡路里的热量相当于4.2J的能量”。一直以来被人们认为没有丝毫关系的势能与热能终于靠这个关系式联系了起来。这个关系被称为**热功当量**。

实验3虽然不是焦耳使用的实验装置，但是我们通过铅坠的势能转化为热量这个简单的实验也能实际体会到能量的转换。铅这一类的金属容易被加温也容易被冷却（**比热较小**），即使让它下落相对较短的距离（势能较小），也可以得到相对较大的温度变化。但是，将不易升温（**比热较大**）的物质——水倒入瓶中，让其做同样的势能变化时，温度上升的幅度就非常小。

实验3　铅坠下落后温度会升高吗？

材料准备

防冻用泡沫塑料制的管子、钓鱼时用的小铅坠10个、胶带、纸

实验步骤

1 用胶带把泡沫塑料管的一侧封住，下部用纸塞住。

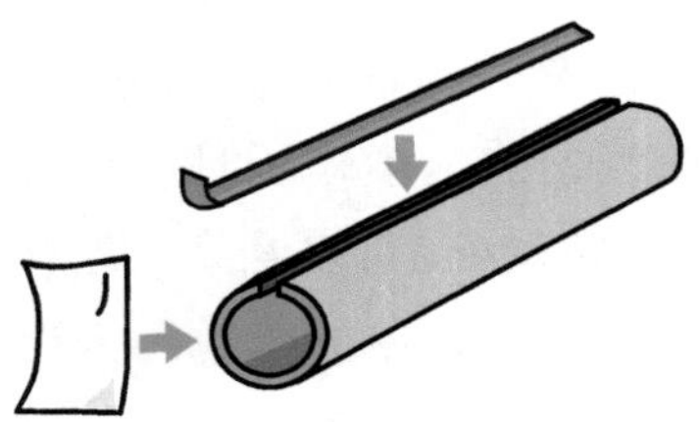

2 将铅坠放入管中，再用纸盖上。

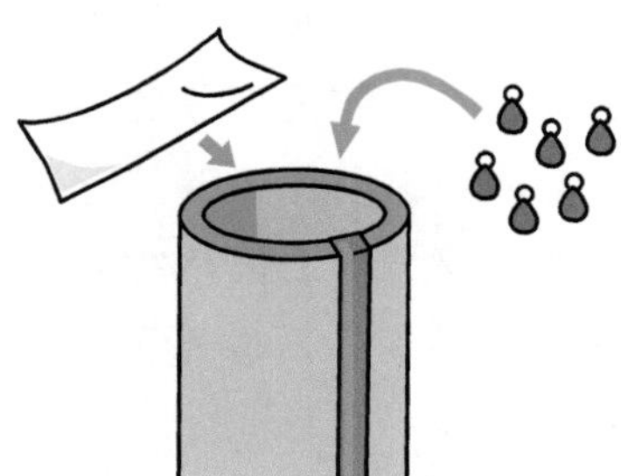

3 不断地翻转管子，使铅坠在里面不断上下运动。

4 用力摇一会儿后，将上面的纸掀开，将铅坠倒出来摸摸它们的温度。它们应该变得温热了。

为什么？

增加铅坠数量的话，铅坠变热会更明显。翻转管子的时间至少要1分钟。变热是因为铅坠下落时候，势能转变成了热能。

热运动

1847年，迈尔、焦耳、亥姆霍兹根据焦耳的实验，明确了“热是能量的一种形式，这种能量不会突然出现或者突然消失”这一事实，这一发现被称为能量守恒定律。根据这一定律，热质说变得更加立不住脚了。后来，彻底否定热质说的是布朗运动。

在无风情况下用显微镜观察空气中的烟尘粒子时，会看到粒子在永不停歇地做不规则的运动，**实验4**也可以看到。这种微粒运动被称为布朗运动，它是指悬浮在流体中的微粒因为受到周围无数的气体或液体分子的碰撞而发生的不停息的随机运动现象。用统计方法来解析这种现象、第一次证明了分子的不规则运动的人是活跃于20世纪的天才物理学家——爱因斯坦。

1906年，爱因斯坦将分子或原子的热运动正式用论文的形式研究和发表。也是在1906年，物理学的三项重大理论相继发表：在速度接近光速的情况下，会引起何种物理现象的特殊相对论（狭义相对论），解开光的粒子性和波动性之谜的光量子假说以及布朗运动。于是1906年成为了物理学上值得纪念的一年。100年之后的2005年被称为“国际物理年”，世界各地都在这一年里举行了许多科学纪念活动和仪式。

因为所有的分子都在运动，所以我们就用统计学的方法来记录和表述热运动，从这种热运动中我们可以提取出对人类有用的功和能量，这一研究领域被称为热力学。随着热力学领域的研究发展，燃素说、热质说等学说已经从科学的世界里完全消失了。

实验4 看看布朗运动

材料准备

玻璃、白纸、放大镜、牛奶、水、玻璃吸管、
（一端带橡皮囊的）玻璃管、激光笔

实验步骤

1 把激光笔放在玻璃板下方。

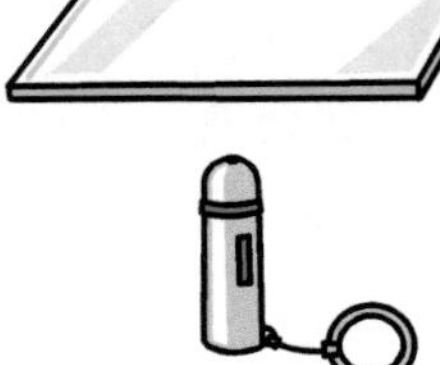

2 在玻璃板上分别滴一滴水和一滴牛奶。

3 把白纸展平放在离玻璃板1m以外的位置，用激光笔照射玻璃板上的水和牛奶，使光线落在白纸上。

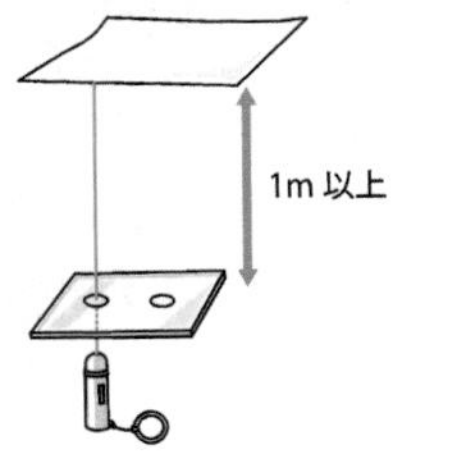

4 穿过牛奶照射到白纸上的激光光斑看起来稍微大一些，其中好像有好多小东西在蠕动，牛奶看上去仿佛是有生命的。

为什么?

照射到白纸上的光斑非常小，可以用放大镜仔细观察。一定要从白纸的另一侧观察照到白纸上的光。之所以会观察到这种现象是因为牛奶的蛋白质粒子在周围水分子不规则运动的碰撞下在做无规则的运动。这是布朗运动的一个生动例子。

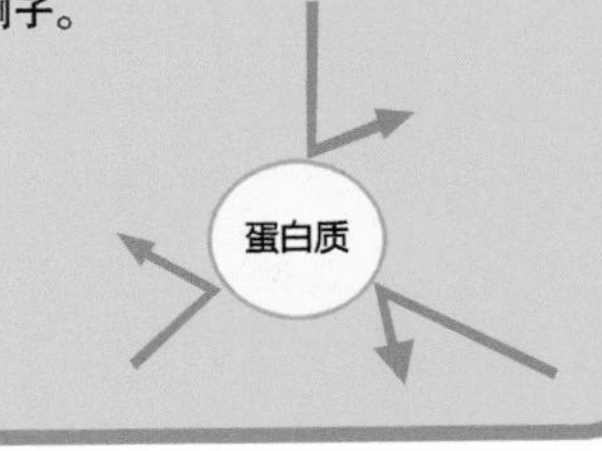

注意 千万不要直视激光笔发射的光线！

为什么用100℃的水蒸气蒸桑拿不会被烫伤?

水被冷冻就会结成冰，被加热就会变成水蒸气。一般来讲，根据温度的不同，物质都会有固态、液态、气态三种状态，这也被称为物质的三态。将CO_2气体冷凝就能够得到固体的CO_2，即干冰。液体的CO_2在我们日常生活的1个大气压的条件下是不存在的。给干冰加温，干冰立刻就会变为气体，这种变化叫做升华。在较大的压力条件下（大约5个大气压以上），才能用**实验5**的方法制得液体的CO_2。

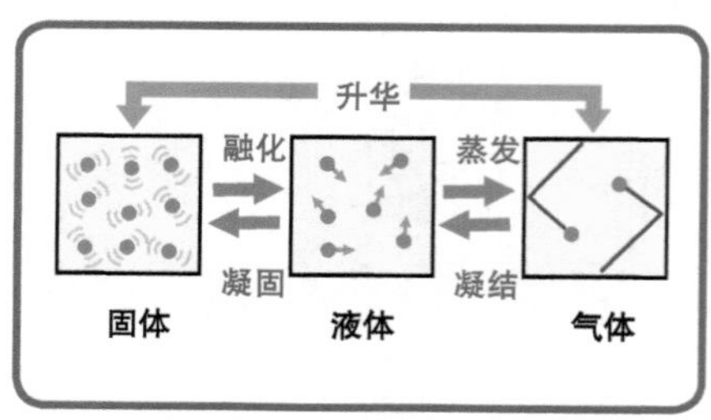

如何从分子的角度来理解物质的三态呢？物体是固体时，构成物质的粒子相互拉拽吸引，呈现非常密集的状态。粒子在各自的平衡位置上做幅度非常小的振动。固体一旦融化为液体，粒子之间的结合就变得柔软灵活，相邻粒子在彼此周围的空间里能够自由地移动。但在液体状态下，粒子仍然在各自的平衡位置做幅度很小的振动。变为气体后，粒子挣脱开平衡位置、到处乱飞，其速度大约为每秒数百米，体积更是一下子变得庞大。100℃的水一定会把人烫伤，但桑拿用的100℃的水蒸气却不会产生烫伤，这是因为水蒸气中的分子密度很小，也就是与皮肤接触的水分子数量很少，所以人不至于被烫伤。表示粒子运动的激烈程度的物理量就是温度。

实验5　制作液态CO_2的实验

材料准备

干冰、较厚的透明聚氯乙烯软管、金属板、螺栓螺母

实验步骤

1 在较厚的透明聚氯乙烯软管中放入大约10g的干冰，两侧用金属零件密封固定好。

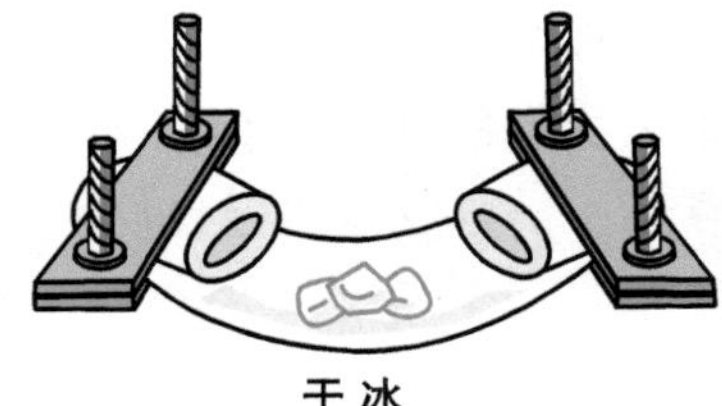

2 放置一小会儿后，管中压力上升，就可以观察到液态CO_2了。

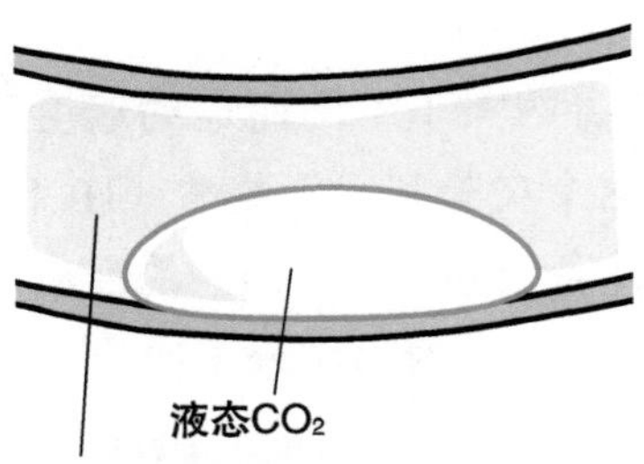

3 慢慢松开一侧的金属固定零件，压强减小，CO_2会再次回到干冰的状态。

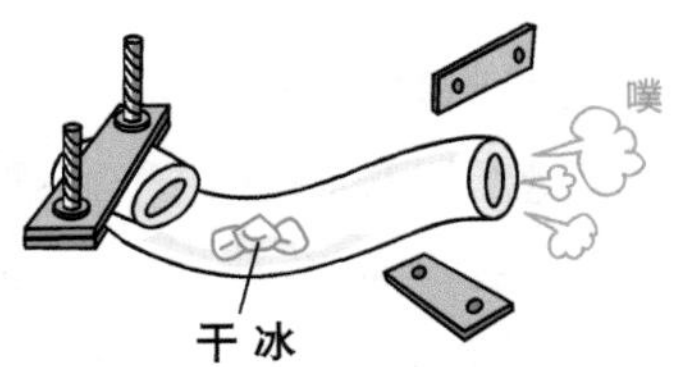

实验要点

请使用尽可能厚一些的软管。管壁太薄的话有发生爆炸的危险。在松开一侧的金属固定零件时，请小心慎重操作。

比较气体分子的速度

气体分子的运动速度可以达到每秒钟数百米，但是我们很难切身感受到这一速度。打个比方，回想一下我们闻到恶臭气味时的情况。距离我们5m远处的一堆垃圾释放出的臭气，如果以每秒钟数百米的速度运动，应该只需要零点几秒的时间就可以到达我们的鼻子，但其实臭气的速度并没有那么快，气味是慢慢地、一点点地靠近我们的。

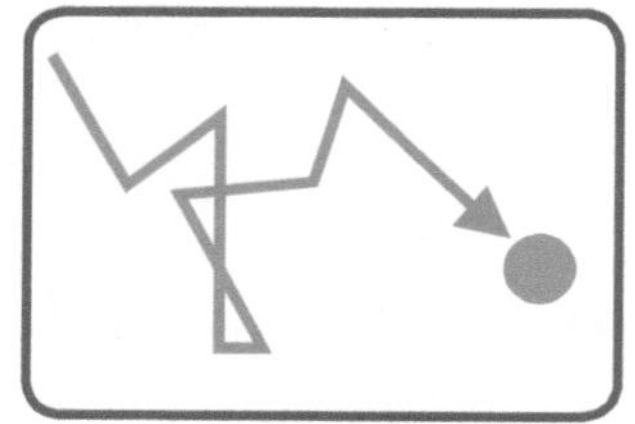

实际上，气体分子一边与周围其他的气体分子碰撞一边前进。从一次碰撞到下一次碰撞的距离，也就是**平均自由程**与周围分子的数量多少有关。在我们居住的1个大气压的世界中，气体分子是以大约70nm（$1nm=10^{-9}m$）的平均自由程一边与其他气体分子发生碰撞、一边扩散。

那么，气体分子是否会根据自身的大小不同而运动速度不同呢？**实验6**可以回答这个问题。这个实验利用了盐酸（HCl）与氨气（NH_3）接触会生成白色粉末氯化铵（NH_4Cl）的反应。盐酸的分子量（分子量没有单位，请理解为相对分子质量）是36.5，氨气的分子量是17，前者大约是后者的两倍。从1m长的管子的右侧和左侧同时加入盐酸和氨水，大约1分钟后，氯化铵的白色烟圈出现在靠近盐酸的一侧。

从这个实验中我们可以明白，质量越小的气体分子运动越快。

实验6 用实验比较气体分子的运动速度

材料准备

1m长的透明聚丙烯管、药店销售的氨水、盐酸类洁厕剂、脱脂棉、碟子、铝箔、一次性木筷

实验步骤

1 准备好浸泡过氨水的脱脂棉和浸泡过洁厕剂的脱脂棉。

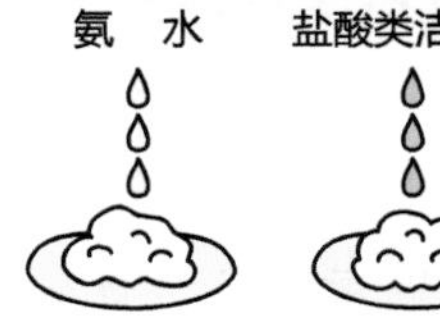

2 用两双一次性木筷分别夹起含有氨水的脱脂棉和含有洁厕剂的脱脂棉，同时放入聚丙烯管的两侧，然后两侧用铝箔包裹住管子两端。

3 可以看到，在靠近盐酸的一侧出现了氯化铵白色烟圈。由此可知，氨气的运动速度更快一些。

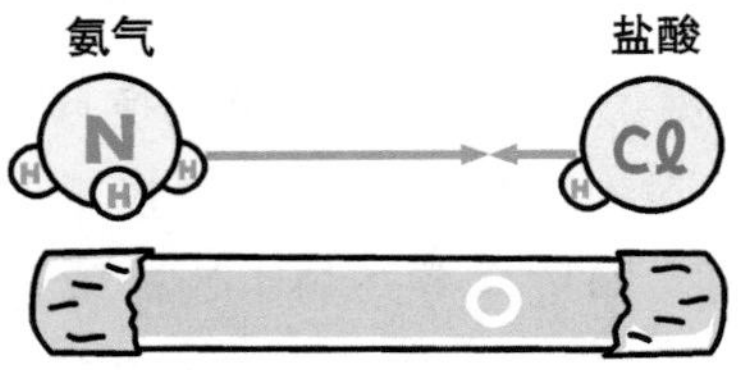

实验要点

不要将氨水和盐酸靠得太近，因为两者反应得非常快，周围会立刻生成白色的氯化铵。将脱脂棉放入管子时，尽量同时完成。如果不是同时放入的话，这个实验也就没有意义了。

衡量气体分子运动的尺度——绝对温度

不断运动的气体分子碰到物体后就会被反弹回来。虽然1个气体分子瞬间的运动作用力非常渺小，但是许多分子一涌而至，就会成为连续的强大的作用力。这种作用力作用到物体的一定的面积上，就形成了压力。

如果不断运动的气体分子碰到物体时，没有被反弹回来而是被物体吸附了，又会怎样呢？气体分子被吸附后会停止运动，根据能量守恒定律，运动时所携带的动能会转换为其他形式的能量——热能，物体的温度会因此上升。

实验7使用了活性炭、氨水以及打火机内装的丁烷气体，用这些就可以简单地验证以上的结论。活性炭具有非常强的吸附能力，能够捕捉带有各种气味的气体，所以经常被用作除臭剂。

气体分子的动能与温度有关系。在温度为0K（开尔文）时，气体分子的动能为0，以此建立起来的温度体系称为“绝对温度”，零下273℃相当于绝对温度的0K。把我们日常生活中经常用到的摄氏温度值加上273，就可以换算为绝对温度值了。

19世纪末，英国物理学家麦克斯韦揭示了气体分子的平均动能与温度的关系，即气体分子的平均动能是3/2kT（k：波尔兹曼常数，T：绝对温度）。气体分子运动的激烈程度终于用我们可以感受到的温度反映出来了，这个划时代的关系式将人类看不见的微观世界和可以用五官感知的宏观世界联系在了一起。

实验7　捕捉气体分子

材料准备

药店销售的氨水、塑料袋、锅、热水、活性炭

实验步骤

1 将氨水倒入瓶中，瓶口用塑料袋套好，放在盛有热水的锅中加热，将氨水蒸发、截取到塑料袋中。

2 氨气冷却到室温程度后，取出一勺活性炭装入塑料袋中，然后捏紧袋口摇晃袋子。我们可以感觉到活性炭变得滚烫了。

为什么？

将活性炭摊开放到一只手掌中，另一只手捂在上面，两只手掌之间注入普通打火机的丁烷气体后剧烈摇晃的话，活性炭也会变热。这是因为气体分子被活性炭吸附，分子具有的动能转化为了热能的原因。

相同温度下气体分子的运动速度都相同吗?

麦克斯韦提出了气体分子平均动能的关系式，也就是气体分子平均速度的关系式，这里的“平均”成为了关系式的一大特征。麦克斯韦虽然一开始在导入这个关系式的时候，从一个分子的运动情况开始计算，但他最终使用了统计学的方法，将研究对象扩大为大量气体分子的平均运动速度，从而得到了上一节所述的关系式。

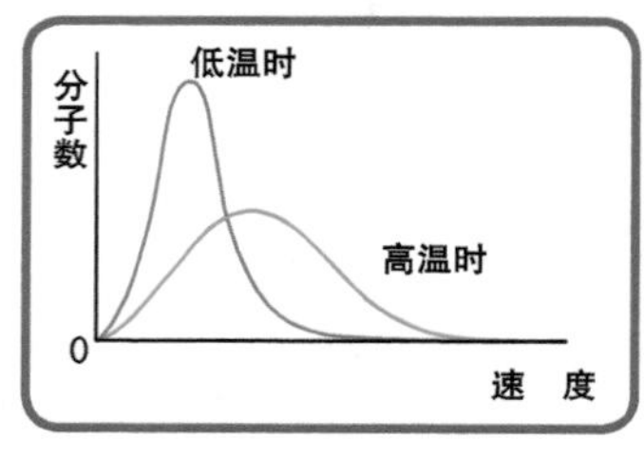

气体分子的运动速度（横轴）与气体分子数（纵轴）的关系如左图所示。即使在我们感觉温度比较低时，从微观角度观察每个运动分子的话，仍然会有运动速度非常快的分子，也会有运动速度很慢的分子。从图中可以看出，低温时，曲线的分布呈狭长形，高温时，曲线较为扁平。

进一步研究气体分子的热运动会发现，分子不仅在直线运动中带有动能，旋转的气体分子或者组成气体分子的原子本身的振动也带有能量。

然而，氦气和氖气等惰性气体由单个原子组成，我们称之为“单原子分子”，在单原子分子的情况下，不考虑旋转或者振动的能量，只用单原子分子的动能总和就可以表达全部气体的能量，我们称其为**气体的内能**。

实验8 验证热力学第一定律的实验——绝热压缩

材料准备

自行车、打气筒、手掌大小的聚乙烯包装用材料

实验步骤

1 用打气筒给自行车的车胎打气。

2 打气筒的筒壁变热了。

3 将包装材料放在手掌中，反复用力握紧，会感觉到手掌也变热了。

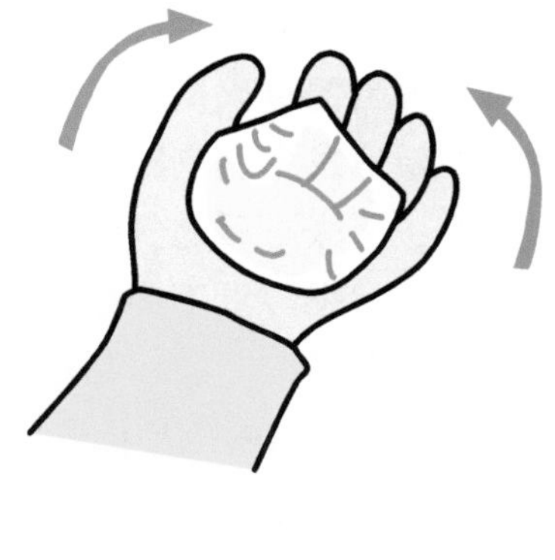

为什么？

做以上实验时，动作要尽量快速、用力，温度上升才会明显。热力学第一定律的内容是向密闭的气体传递热量x（J）并且向其做功y（J），那么密闭气体的内能增加量为$x+y$（J）。也就是说，热传递与做功都会使密闭气体的温度上升。热力学第一定律是对能量守恒和转换定律的一种表述方式。

用热力学第一定律来思考，就可以很简单地解释实验中的现象。外界向打气筒做功，打气筒中空气的内能就会增加，温度就会上升。如果把增加部分的热释放出来，温度就不会增加，如果短时间内迅速做功，热能短时间内就不会释放出来。这种现象被称为“绝热压缩”，汽车内燃机在打火时也利用了这一原理。

热机的工作原理

曾经有一个广告说“汽车给油就能跑”。你知道其中的原理吗？汽车发动机的结构是怎样的呢？

汽缸中注入汽油和空气的混合气体，用火花塞将其引燃，燃烧的气体在短时间内剧烈膨胀，这就是汽油发动机发动的原理。燃烧产生的热作用于气体、使气体能够剧烈膨胀，所以发动机要使用汽油等可燃液体。从外面听听发动机的声音，就可以根据听到的点火次数，判断发动机内剧烈膨胀的次数。但是燃烧不断地发生，汽缸中的空气就会不断膨胀吗？实际上不是这样的。膨胀之后的气体会被作为废气排出，汽缸冷却，再次回到初始状态，重复连续运动。对利用热循环来工作的热机来说，这种加热、冷却、加热、冷却的循环必不可少。从现在开始，让我们开始涉及热机的原理吧。

我们再回想一下热与气体体积的关系。给气球充上气后，放入盛有开水的锅里，气球还会再膨胀一些。这是因为气球中气体受热、气体分子的动能增加，从内侧挤压气球壁。在压强不变的情况下，绝对温度与气体的体积成正比，这就是有名的盖–吕萨克定律。实际上，这也是日常生活中常见的现象。密闭气体受热会膨胀、密度会变小，与周围的气体产生密度差从而产生浮力，从而向上飘浮。这就是气球向上飘浮的原理。

实验9　自制塑料袋热气球

材料准备

细铁丝、高密度聚乙烯塑料袋（厚度0.015mm、容积约45L）、
脱脂棉、火柴、棉线、透明胶、酒精

实验步骤

1 将细铁丝沿着塑料袋的四周进行固定，塑料袋口的四分点处用铁丝打结固定，如图所示将4根铁丝系好。

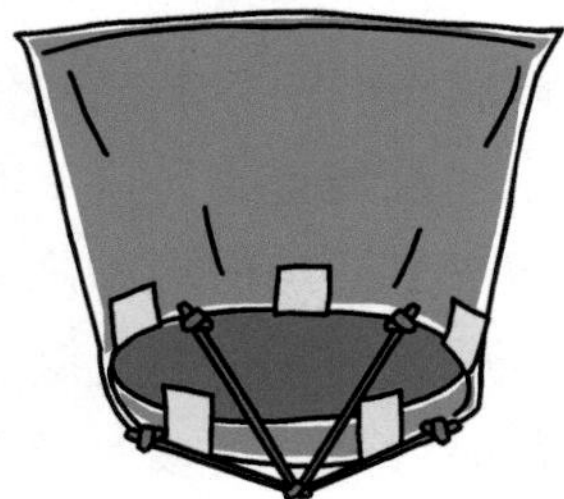

2 用一小段细铁丝将脱脂棉固定于4根铁丝的结点处，下面留出大约10cm长的铁丝。

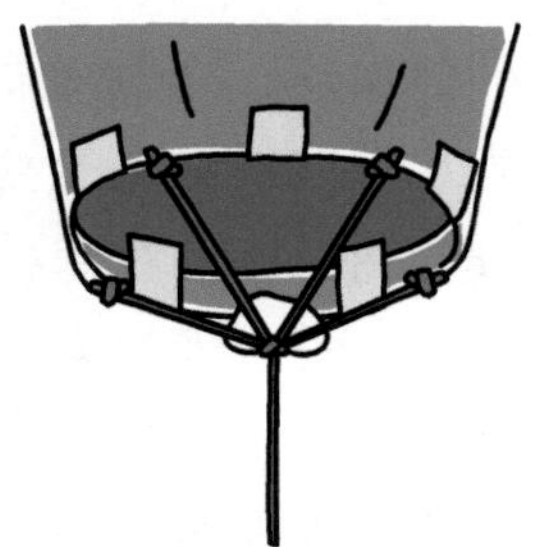

3 铁丝下面拴上棉线。脱脂棉蘸取少量酒精。

4 脱脂棉一旦着火，逐渐膨胀的热气球就会往天上飞。注意不要松开手中的棉线。

实验要点

一定要在没有风的地方进行实验，另外为防止引起火灾需要准备一桶水。如果塑料袋太厚或者在过于温暖的屋子里进行实验，热气球有可能不会上升。

热机必须及时散热才能连续运转

我们知道，对气体加热、其温度会上升、气体就会膨胀，气体散热后温度下降、气体就会收缩。将这种**气体的膨胀与收缩的变化**放大来看的话，活塞的往复运动虽然是热机所具有的机能，但是这种自动反复进行的加热、冷却、加热、冷却的连续运转是如何实现的呢？

实际上，用试管和玻璃球就可以制作一个简单的热机。不管是否用酒精灯进行持续加热，这个热机装置都可以不间断地做往复运动。“玻璃球发动机”用橡皮筋固定的地方是关键所在。在试管正中间稍偏后一点的地方固定的话，装置就会“嗒嗒”地上下运动。被加热的试管底部的空气通过玻璃球之间的空隙到达试管的前端。由于玻璃球会阻碍热传导，到达试管前端的空气会立刻被冷却下来。在这个实验中没有准备冰的必要，实际上只要有很小的温度差就可以了。

不在汽缸中点火，而是利用从外部加热、冷却汽缸内的气体产生的热膨胀、热收缩来推动活塞运动获得动力的发动机称为**斯特林发动机**，这种发动机是1816年由苏格兰牧师、发明家罗伯特·斯特林设计发明的，并申请了专利。近年来，利用空气与冰来驱动的简单的斯特林发动机也开始作为理科实验教材在市场上销售了。总之，为了使热机连续运转，获取热量的加热装置和分散热量的散热装置是必不可少的。

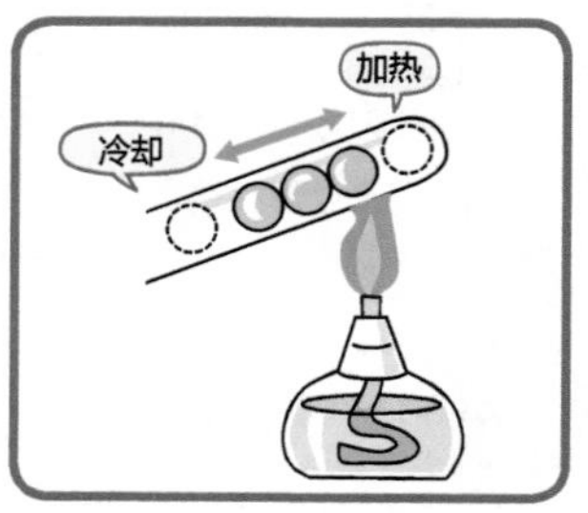

实验10　自制玻璃球斯特林发动机

材料准备

试管、橡皮筋、载物台、酒精灯、5个玻璃球、
小的橡胶气球、双面胶、注射器

实验步骤

1 用橡皮筋将试管固定在载物台上，并将玻璃球放入试管中。

2 把气球底部剪开，一侧罩在试管口上、另一侧罩在注射器上。把注射器用双面胶固定在载物台上。准备工作完成。

3 用酒精灯加热试管底部，试管开始“嗒嗒”地上下跳动起来。

实验要点

如果橡皮筋固定试管的平衡没有把握好，装置就不会动。注意，要选取试管正中间稍微偏后一些的位置进行固定。

热机效率的提高

用水蒸气作为汽缸中密闭气体的热机就是蒸汽机。最早的蒸汽机是英国的纽可门在1712年发明的，当时他发明这一机器是为了从矿山中挖掘煤炭时用来驱动抽水机将矿井中的水抽出来。但是这种蒸汽机是靠煤炭燃烧来驱动的，所以汽缸温度会因此上升，汽缸中的水蒸气也会膨胀渐渐地使活塞上升，因此需要把汽缸整体放入冷水中迅速冷却，以使活塞迅速下降。

这种与燃烧煤炭需要的热量相比，蒸汽机输出的有用功太小，1分钟只能做10次左右的往返运动，能量的效率只有3%左右。也就是说，给这台机器输入100J热量的话，其中的97J都是无用功，只有3%的热量是有用功。

还有效率更高的蒸汽机吗？向蒸汽机改良发起挑战的是苏格兰格拉斯哥大学科学仪器的修理工詹姆斯·瓦特，他的成就到现在都被彪炳史册，他的名字也被镌刻在了功率的单位当中。1769年，在保持汽缸高温状态的同时，瓦特使用了称为冷凝器的装置，这种装置能够成功地只将内部的高温蒸汽冷却，这一改良使得蒸汽机的效率大幅提升。瓦特的冷凝器被应用在了纺织业中，英国以此为契机完成了第一次工业革命，走上了世界霸主的道路。在现在的伦敦科学博物馆中，人们还有幸能够见到按照当时的设计图复原的瓦特蒸汽机。**实验11**介绍了利用蜡烛燃烧产生的热来驱动的蒸汽船的制作方法。为什么只是加热，蒸汽船就会前进呢？请好好动脑思考一下。

实验11　自制蒸汽船

材料准备

铝管、铅笔、硬海绵、蜡烛、锥子、滴管

实验步骤

1 如图所示，把铝管绕着铅笔缠1~2圈。用锥子在硬海绵上挖两个洞，将绕好的铝管从洞中穿过。

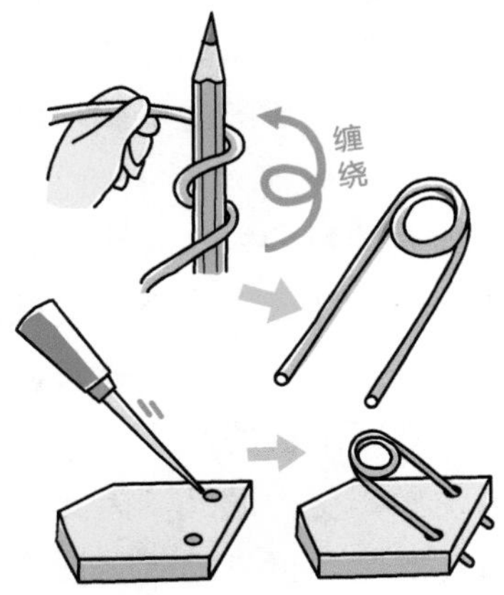

2 滴一点蜡，把蜡烛固定在正好可以对准铝管绕成的线圈加热的地方。用滴管将铝管中注满水，准备完毕。

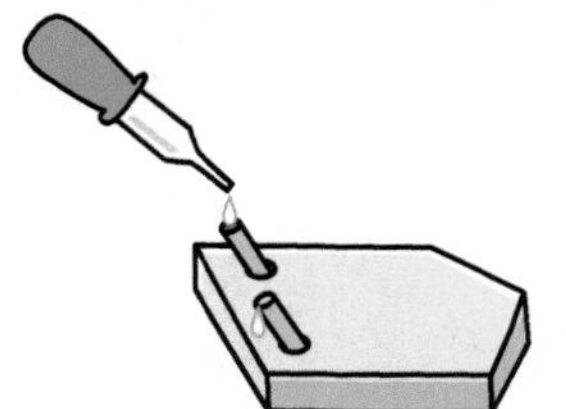

3 在盆中倒入水，让船浮在水中。把蜡烛点燃后发现蒸汽船缓缓前进了。

实验要点

在绕铝管时，注意不要折断铝管，要慢慢地缠。蜡烛不好固定时，可以把固体燃料放在便当用的铝箔中，以此代替蜡烛。

加热与冷却

只用蜡烛加热的话，蒸汽船并不会运动，因为单纯加热只会让气体不断膨胀。那么，蒸汽船为什么会运动呢？管子中的水被加热后会向外溢出，遇到周围的冷水又马上被冷却，溢出部分的水中被混入冷水。就这样，温热的水一旦向外溢出，冷水马上就会混入……这个过程反复进行着。依靠热运转的发动机如果不反复进行这种**加热、冷却、加热、冷却**的步骤，就无法持续运行。

实验12介绍了使用橡皮筋来制作发动机的方法。这个装置的持续运转与打开电灯、光照加热无关。那么，这个发动机的哪个部位是冷却部位呢？塑料等物质一旦被加热就会伸长，与此相反，**橡胶一旦被加热就会收缩**。圆环纸板的半圆一侧被电灯光照射，光照一侧的橡胶会收缩，**重心变得散乱**，因此会引起圆环纸板的转动。光照射不到橡皮筋时，橡皮筋就会被冷却到原来的温度，回到原来的长度。正是这种伸长、收缩=冷却、加热=无光照、光照的循环，使得这个装置只要持续受到光的照射就会半永久性地持续旋转。

不仅仅是蒸汽机，所有利用热连续不断运转的热机必不可少的部分都是作为加热部分的高温源和散热部分的低温源。但是，只有这两者还不够，如果**热不能从高温源向低温源转移**的话，热机还是无法向外输出有用功。

实验12　自制橡皮筋发动机

材料准备

直径20cm、宽度约3cm的圆环形纸板，橡皮筋20根，吸管5cm，自动铅笔芯，载物台，100W的电灯

实验步骤

1 如图所示，将吸管置于圆环纸板中间，将橡皮筋等间距地绑在纸板和吸管上。

2 吸管中间放入一根自动铅笔芯，铅笔芯两端架在载物台上。

3 用电灯照射纸片一侧的半圆部分，整个圆环纸片就会开始骨碌骨碌地转动起来。

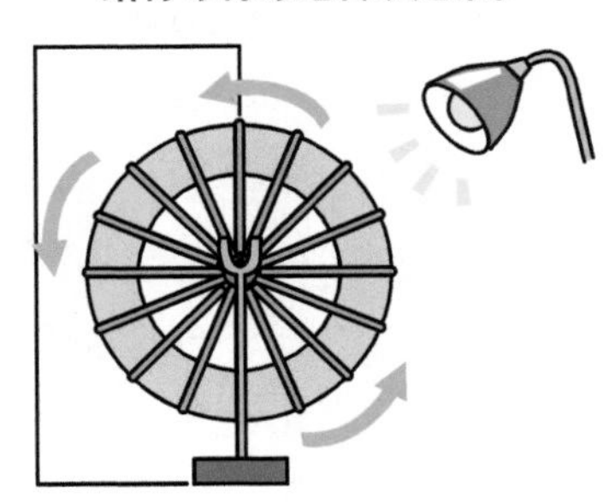

实验要点

如果圆环纸片不能转动，检查一下电灯的光是否照到了整个圆的部分。另一侧半圆处可以放一面镜子，不要让光照射到这一部分。

热力学第一定律的适用范围

热力学第一定律是对“封闭气体的能量守恒和转换定律”的一种表达方式。比如，存钱罐里原来有1000日元，父亲放入100日元、母亲再放入250日元，这时总额增加了350日元。同样地，封闭气体的内能是1000J，外部通过加热又热传递了100J、通过压缩向封闭气体做功250J，那么气体内能的变化ΔU就是350J。也就是$\Delta U=Q+W$，封闭气体的能量守恒也就是这个意思。

从这个定律也可以推知，气体内能、热、功这三个不同的物理量其实是等价的，因为它们可以用相同的单位J（焦耳）联系起来。从算式上来考虑热力学第一定律的话，也能够推出下面的几个推论。

❶ 如果热交换为零（即$Q=0$，没有热传递），外界对封闭气体做功，那么气体内能就会增多（**温度升高**）。

（$\Delta U=W$　如果$W>0$，那么$\Delta U>0$）

❷ 同样地，如果热交换为零，封闭气体对外界做功，那么气体内能就会减少（温度下降）。

（$\Delta U=W$　如果$W<0$，那么$\Delta U<0$）

❸ 如果温度变化为零（即内能没有变化），那么对封闭气体所传递的热量等于气体对外界所做的功。

（$0=Q+W$　也就是$Q=-W$）

通过使用自行车打气筒的**实验8**所观察到的“绝热压缩”现象，我们可以明白推论❶，通过**实验13**观察到的“绝热膨胀”现象我们可以确认推论❷。推论❶和推论❷都没有问题了，那么如何确认推论❸呢？

实验13　简单的绝热膨胀实验之一

材料准备

塑胶手套、广口玻璃瓶、火柴、水

实验步骤

1 广口玻璃瓶中倒入大约1cm深的水，将火柴点燃后放入瓶中使其熄灭。

2 把塑胶手套套在瓶口，用套口部分密封住瓶口。

3 把手放入塑胶手套中，在瓶中前后搅动几下，然后握紧拳头猛地往上一拉。

4 看！瓶中会出现一团“云”。

为什么？

强制让气体膨胀的话（气体向外界做功），因为动作很快，气体来不及进行热交换，那么这个过程就类似于在绝热条件下发生的。因此，气体自身的内能被消耗，温度下降，从而生成云。戴上手套后在瓶中来回搅动几下，也是为了让形成云的冰核的烟尘充分扩散开。

热机的效率可以达到100%吗?

在瓦特改良的蒸汽机轰鸣的时代，很多人都有这样的想法：在保持相同温度的条件下，热机的热量能不能不向外界扩散、所有热量都能够转换为功？人类可以制造出能够连续工作、效率达到100%的理想热机吗？

第一次工业革命时期，为了提高蒸汽机的性能，人们进行了各种各样的实验和挑战。然而，人们最终发现热量如果不扩散出去，也就是说不使汽缸中的水蒸气收缩的话，汽缸是无论如何也不能连续运转的，这一点在蒸汽机技术人员和维修人员中已经成为经验常识。

1796年出生于法国的卡诺勇敢地向这个问题提出了挑战。卡诺将蒸汽机的运转完全理想化，即汽缸不存在摩擦、不存在金属受热升温产生的能量损失，并且他用科学领域中经常用到的理想气体（将气体分子看成是有质量的几何点，分子之间的作用力忽略不计）来代替水蒸气。他用以下循环过程计算出了热机效率的极限。

❶ 等温膨胀（**从高温源中吸收热量，对外做功**）

❷ 绝热膨胀（**在绝热的条件下，只用气体的内能对外做功**）

❸ 等温压缩（**外界对气体做功的部分以热量的形式放出，气体体积压缩**）

❹ 绝热压缩（**在绝热的条件下，活塞恢复到原来的状态**）

据此，卡诺证明了热机的所有热量不可能全部转换为功。在他去世后的20年中，人类依然幻想着效率100%的热机，直到的汤姆孙注意到了卡诺的实验结果。

实验14　绝热膨胀实验之二——制造真正的云

材料准备

1.5L的塑料瓶、橡胶塞、打气筒、气门针（为了让空气通过小孔）、线香、酒精、玻璃滴管

实验步骤

1. 向塑料瓶中滴入大约2ml酒精，然后将点燃的线香放入瓶中，让烟充满瓶中。

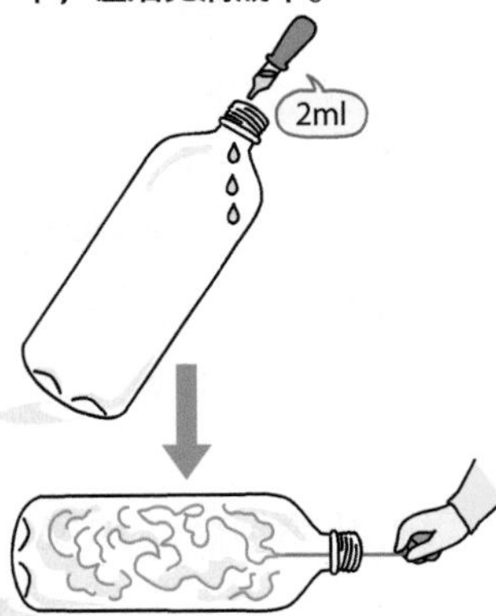

2. 在橡皮塞上开一个小孔，将气门针穿过小孔，使橡皮塞与打气筒连接起来。

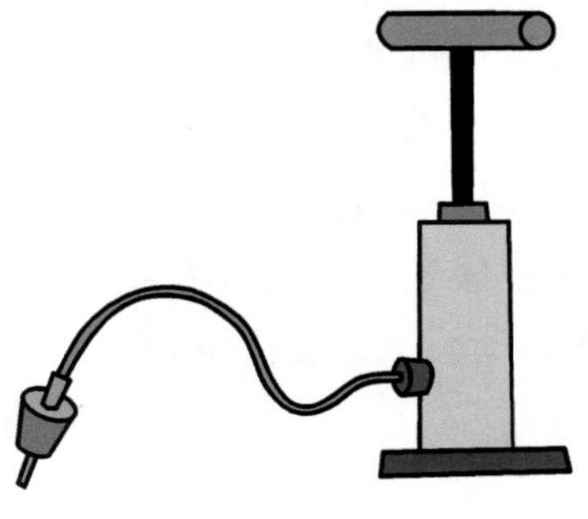

3. 用打气筒向塑料瓶中充入尽可能多的空气。为了避免塞子飞出，要用手紧紧按住塞子。

4. 感觉差不多到充气的极限时，突然拔掉橡胶塞子。瓶中立即就会出现白色的云雾。

为什么？

进行步骤③时，烟会渐渐散去。步骤④之后，触摸一下瓶身，会感觉凉凉的。因为气体在绝热的状态下膨胀时会消耗一部分内能，因此温度会下降。

第一类永动机与第二类永动机

卡诺等人孜孜不倦地追求着一种装置，这种装置能够将所施加的热量全部转化为功，它被称为第二类永动机。但是从卡诺的计算结果以及许多前人的经验来看，这样的装置是不可能存在的。

第二类永动机是不存在的，这就是热力学第二定律，也被称为奥斯特瓦尔德表述。热力学第二定律的表述还有很多，热从高温源向低温源转移的时候，其中的一部分热量会以功的形式输出，因此做连续运动的热机必定要失去热量。在各种物理中，结论是“不”、“不存在”等否定形式的定律只有这一条。

第一类永动机一旦在外力的作用下开始运转，即使不再继续从外部施加能量，永动机也会永远运转下去。但是这与热力学第一定律的“能量不生不灭、只会转移”相悖，因而从能量守恒定律就能简单否定第一类永动机的存在。

然而在卡诺之前，就连赫赫有名的列奥纳多·达·芬奇都做过这种永动机的设计，让人惊讶。下页介绍了历史上有名的第一类永动机。猛地一看感觉这个永动机仿佛要动起来，但我们明白它是绝对不会连续运动的。18世纪初发生的奥尔菲留斯的自动轮骗局就是靠制造永动机这种假东西来骗取巨款的诈骗事件。据说俄国的彼得大帝也曾在永动机上花费巨资。

第一类永动机示例

下图是法国建筑家Villard de Honnecorut（1235年）设计的永动机，是靠非平衡车轮来带动的转动装置。

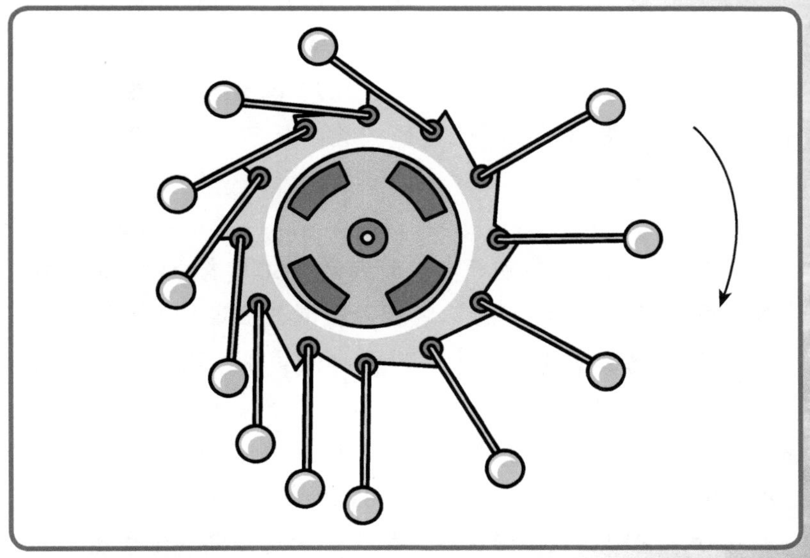

顺时针使装置开始转动，带有小球的上方的棒向右侧倒下去，从中心到右侧小球的距离就变长了。因为从中心到左侧小球的距离还比较短，所以方案的设计者认为，右边的小球产生的转动力矩要比左边的小球产生的转动力矩大。这样轮子就会永无休止地沿着箭头所指的方向转动下去。但是这个装置根本就不会运转。仔细看一下这个图，右边部分的小球有4个，左半部分的小球有7个，虽然右边每个球产生的力矩大，但是球的个数少，左边每个球产生的力矩虽小，但是球的个数多。长距离+小质量与短距离+大质量正好平衡。于是，轮子不会持续转动下去而对外做功，只会停止。

麦克斯韦妖

热力学第二定律还有另一种表述形式，即克劳修斯的热不能自发地从较冷的物体传递到较热的物体。麦克斯韦将气体分子的运动进行了统计学处理，并于1870年写下了《热理论》一书，他在书中提出了以下的假想实验。开尔文将这个开门关门的小人称为麦克斯韦妖。

在温度为20℃的空气中，既有带有50℃内能以较高速度运动的分子，又有带有5℃内能以较低速度运动的分子。将20℃的空气密闭在箱子中，打开小门。妖控制着小门的开闭，使得小门具有选择性，速度快的分子碰到小门的话，只能从A进入B，速度慢的分子碰到小门的话，只能从B进入A。反复进行这个过程，A部分就成为低温部分、B部分就成为高温部分，这样系统从混合状态就又变为可以向外部输出功的状态了。

然而，这个“妖”的存在与热力学第二定律是矛盾的。比如，漂浮在热水上的冰会渐渐融化在水中，但如果存在麦克斯韦妖的话，水应该逐渐与冰分离又变回热水，但这是绝对不可能发生的。像这样，我们把这种自发的、不会逆向进行的变化称为“不可逆变化”。

将一滴墨水滴入水中，墨水分子最终会均匀地扩散到水中。这个过程是不会自然地回到初始状态的。这种不可逆变化从有秩序的状态向着无秩序的状态进行。热力学第二定律表现的就是这种不可逆变化的方向，也就是从整齐到杂乱的方向的定律。系统一旦变得杂乱，只要不施加能量，就不可能回到最初的整齐状态。杂乱程度的增加我们用**熵增**来表示，热力学第二定律也可以表述为“绝热系统发生不可逆变化时，系统的熵是增大的”。

然而，如果麦克斯韦妖存在的话，我们就能利用温差无穷无尽地对外输出功了。正是这一点违背了热力学第二定律。

人们对熵的研究从**热力学**扩大到**统计力学**的体系，各种有效的研究手段在进行概率统计计算、尤其是信息处理时被确立下来。这个麦克斯韦妖正是在信息筛选的假想空间里（网络）“横行霸道”的。

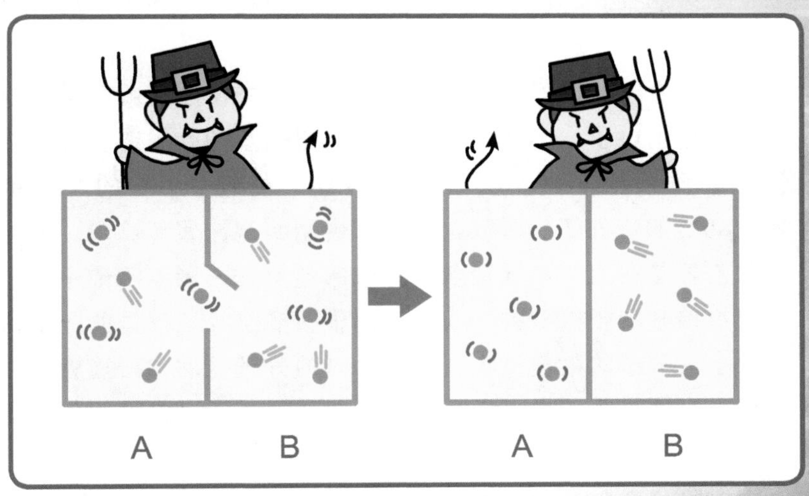

热真的不能自发地从较冷物体传递到较热物体吗？还是只是没有被发现而已？人类被永无止境的求知欲激励着。热力学第二定律至今还有很多未解之谜，而这些知识你会在物理教科书中看到。

热传导：振动的传导

本章中我们讲解了关于热的各种知识，最后我们再解释一下热是怎样进行传导的，其中的原理是什么。

我们把水壶装上水放在火上烧一段时间，有时手不小心碰到壶把会感觉非常烫，甚至有时会被烫伤。像这样，热直接传导到金属等物质并发生移动的现象叫做热传导。构成金属的带电粒子——离子会发生振动，它周围的自由电子的运动也会加剧，特别是自由电子一次又一次地撞击离子，使离子的运动也变得活泼起来。物质中大量的分子受热振动互相撞击，而使热量发生转移，这就是热传导现象。

绝缘体（木材等）的热传导进行得很慢，原因就在于绝缘体没有自由电子。也就是说，没有传递热量的介质或者传递热量的介质很少，就不会发生热传导。处理100℃的开水或者-200℃的液态氮的时候，一般都会用到泡沫聚苯乙烯。泡沫聚苯乙烯是在用苯乙烯聚合后生成的塑料——聚苯乙烯中加入发泡剂使其膨胀得到的，其中充满了很多空气。气体的分子密度很小，分子的数量很少，热传导时的分子振动和碰撞就难以传递。泡沫聚苯乙烯由于很难产生热传导，所以常被用作隔热材料。

利用这个特点，我们来做一下**实验15——**制作透明冰块吧。用家中的冰箱做冰块时，由于水是从外围开始冷却的，所以不管怎样水中的空气都被封在其中，因而会形成白色的冰，但如果使用隔热材料，水从上到下都被冷冻，所以能形成透明的冰。大家一定要在家里亲手试一试哟！

实验15　制作透明冰块

材料准备

纸杯1个、泡沫杯2个、图钉

实验步骤

1 用图钉在一个泡沫杯的杯底开一个小孔。

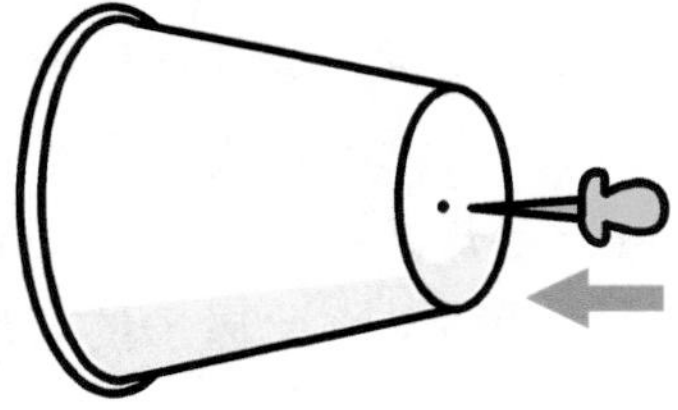

2 将开孔的杯子与没有开孔的泡沫杯套在一起。

3 在纸杯与套在一起的泡沫杯中分别加入水，放入冰箱中冷冻。

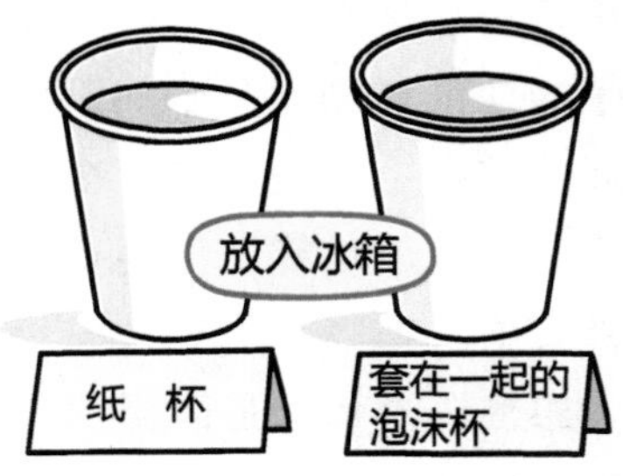

4 冷冻一天后，取出冰块看一下。套在一起的泡沫杯中的冰块是透明的，而普通纸杯中的冰块是纯白色的。

纯白！　　透明！

实验要点

杯底的孔用来排出水中的空气，用图钉开孔时没有必要开得很大。

热对流：流动介质引起热量传导

如果难以直接给空气加温、又想让屋子温暖起来还能用什么方法呢？举例说明，点燃一支蜡烛，在蜡烛上方用细线吊起一张螺旋状的纸条，可以发现纸条会滴溜溜地旋转。由此可以看出，被加热空气的**上升气流**带有很大的能量。被加热的空气分子的**动能**增加、分子间距增大，与周围空气相比密度变小，因而能获得上升的**浮力**。变热的气团会上升，上面的冷气团会**下降**，空气就这样不停地在整个屋子中**循环**，因此屋子的温度就升高了。

加热洗澡水也是同样的道理。上方的水会变热也是循环的原因。像这样，气体或液体由于密度差发生移动从而使热量从一处传播到另一处的现象叫做**热对流**。地球上的气象变化全部是对流引起的。

下面我们用**实验16**来介绍一个用小火苗加热就能得到比较强的上升气流的实验。在烟灰缸中点燃火柴，会产生上升气流，对流就开始了。然而火炎在上方时，由于茶包太重，很难产生向上的运动。火焰慢慢向下移动，空气气流开始增强，茶包就会像要飞起来似地发生轻微的晃动。

屋里难以升温的时候，制造强制对流是最好的办法。在屋子的一角放置风扇，让其吹风，屋子的温度很快就会升高。因此，送风机与取暖设备的配套设施经常会出现在电器设备商店中。

实验16 飞起来的茶包

材料准备

红茶茶包、烟灰缸、火柴

实验步骤

1 将红茶茶包中的茶粉倒出来，茶包口打开。把茶包撑成圆筒状、立在烟灰缸里。

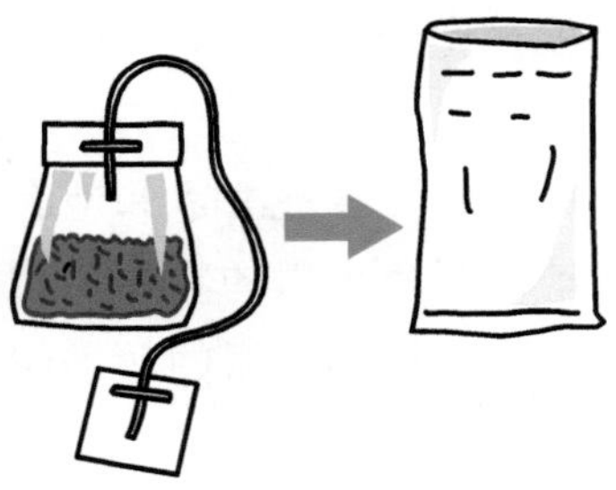

2 在茶包口上方的位置点燃火柴，点燃茶包。

3 慢慢地火焰会向下移动，最终茶包燃烧为黑色的灰烬。

4 然后，灰烬会突然飞起来，大约上升1m的高度。

实验要点

茶包的种类有很多，请多试几种选出适合实验用的茶包。请在没有气流、安静的屋子里进行实验。火灭之后，茶包的灰烬才会飞起来。

热辐射：用电磁波传递热量

太阳与地球之间既没有金属之类的物质，又没有气体介质，基本上是什么都没有的真空，因此太阳的热量无法通过热传导或者热对流到达地球。热是能量的一种形态，这种能量可以变成光能，以每秒30万千米的速度在空间中传播。这就是热辐射。

红外线对地球的热辐射作用最大，红外线被海水和地表所吸收，激发海水和地表中的分子振动。颜色越黑的物体，接受热辐射的作用越强，这一点很容易理解，我们衣服的颜色越黑就越容易变热。我们也可以用**实验17**验证这一点。

大家知道打开开关温度就会马上升高的卤素取暖器吗？虽然加热时变红的加热管很细，但从正面看，烧红的部分还是比较宽的。这是放射面范围比较大的缘故。取暖器内侧的曲面镜是如何做到这一点的呢？

实际上曲面镜就是中学数学中学过的二次曲线$y=x^2$的形状。笔直入射的光照射到这条曲线上，会准确地集中在一个点上。看下面的图就会明白，抛物面天线就利用了二次曲线的一侧。抛物面天线把从人工卫星传来的电波接收到直径约70cm的抛物面上，然后将所收到的信号全部反射到信号接收部分。卤素取暖器的曲面镜与此过程相反。从一个点向四面八方扩散的光经过曲面镜的反射，集中到正面被传播出去。

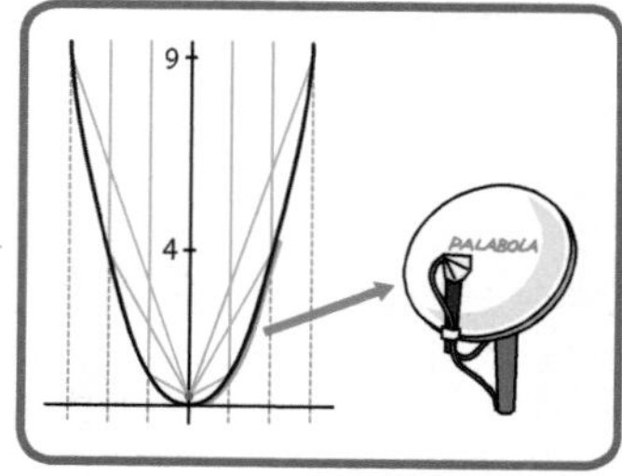

实验17 黑色部分温度更高?

材料准备

空易拉罐、剪刀、蜡烛、板子

实验步骤

1 用剪刀将空易拉罐的上下部分减去，中间部分制作成筒状。

2 将蜡烛点燃，将易拉罐的一面烤成黑褐色。

3 将蜡烛立在板子上，然后用易拉罐将蜡烛罩起来。

4 把手罩在筒子附近，就会感觉到烤成黑褐色的部分温度更高。

实验要点

尽量把黑褐色部分的颜色烤得深一些。剪好的易拉罐的边缘很锋利，小心不要被划伤。

结语

对于“热到底是什么？”这个问题，实际上现在人们也没有一个明确的答案。表征粒子振动程度以及粒子动能大小的是温度，正是因为振动直接传播或者变换成其他形式进行传播，我们才能对“热”有所感受、有所认识。

我们考察原子的热运动时，热的概念是微观的；但是从地球表面的对流现象来考虑“热”现象的话，它就是一个非常宏观的问题了。热力学既适用于微观世界又适用于宏观世界。随着产业的发展、随着人类对用最少的劳动力获得最大效果的愿望，这个领域发展到了对热力学第二定律的认识。

虽说永动机是不存在的，但是我们心里总是忍不住再问一句“真的没有永动机吗？”从一个一个微观粒子的运动到全体粒子的平均运动，再到对现象的解释，人类用统计学的方法对无比杂乱的自然现象作出了解释。人们以能够感知的形式对这一过程的认识，我认为就是热力学。

第3章

光学的研究

光通过三棱镜会
分散传播

光的直射和折射

光的粒子性和波动性　古典编

光速测定与波动说的反败为胜

以太之谜

光的粒子性和波动性　近代编

整个宇宙空间都充斥着以太，它是光传播的介质。在20世纪初期，世人都对此深信不疑，但从实验来看这种物质并不存在，于是出现了另一种观点，认为真空本身就具有传播电场、磁场振动的性质。如果以光速去追赶另一束光，会看到什么结果呢？这就是16岁的爱因斯坦思索的“追光”之谜。

光沿着直线传播

在圣经的开篇之处叙述道：上帝乃“光的创造者”，他从混沌之中用光开始普照大地。光从久远的太古时代开始就一直被当做一种神秘物质。因此，古人认为对光的研究是对神领域的亵渎，而不能将其列为学问研究的对象。

就连亚里士多德也没有直接去研究光本身。他在研究光时，并没有把某种物质作为特定研究对象，而是就发光物质的颜色以及穿过针孔的光的路线和成像做了各种研究。很多人一直都相信普降在大地上的光是上帝最先创造并赐予我们的，它沿着直线传播，没有速度概念，一旦发出就会到达，也就是说光速是无限大的。

光的直线传播并不能通过肉眼来认证。因为光在前进的途中“如果不碰到某种物质，就不会到达我们的眼中”。现在我们将这种现象叫做散射。如果有让光发生散射的尘埃，就能够确认光的传播路径。这一现象被称为丁达尔效应。如图所示，趁着从喷雾器中喷出的烟雾剂、擦黑板时产生的粉笔灰还在飞舞时，用激光笔的光照射过去，就能够清楚地看到漂亮的直线光线。

右图中，光线直接从云缝之间穿插而过。如此说来，光的直线传播是不容置疑的事实，但是大家难道不觉得有点奇怪？光是从太阳方向普照而来的。我们都知道一束光线会沿着直线前进，但是为什么光线会扩展开来呢？是因为太阳光在进入大气时发生了折射吗？

不，并非如此。太阳光几乎是平行入射到地球上的。因为地球距太阳约为1亿5000万km，而地球的最大周长为4万km，两者相差悬殊。那么为何从云隙间穿过的光会扩展？请想象一下笔直的道路。道路两侧的人行道是平行的，但是如果站在道路中间望远处，不是就能看到道路好像从某一点扩展而来吗？所以斜着看平行入射过来的光线时，光线好像是扩展开来的。

另外，最初利用直线前进的光来测量地球大小的是**埃拉托斯特尼**（公元前275年出生，希腊地理学家、数学家）。他在任亚历山大图书馆馆长时，注意到了某本藏书中的如下记载：

“在亚历山大正南方向距离其5000stadia（古希腊测量单位，5000 stadia 约为800km）的西奈，白天时长最长的夏至的正午，太阳会直射到井底。”

也就是说，在夏至的正午，太阳正好位于西奈的顶空。这一说法好像是从当时的旅人口中传出的。但是，夏至的正午，在埃拉托斯特尼工作的亚历山大，太阳并没有位于其顶空，如果让木棒垂直立在地面，就能产生影子。为何会出现这种现象呢？当时恰逢人们开始明白地球是球形的时期，埃拉托斯特尼以此为依据思考出了下图中的结果。

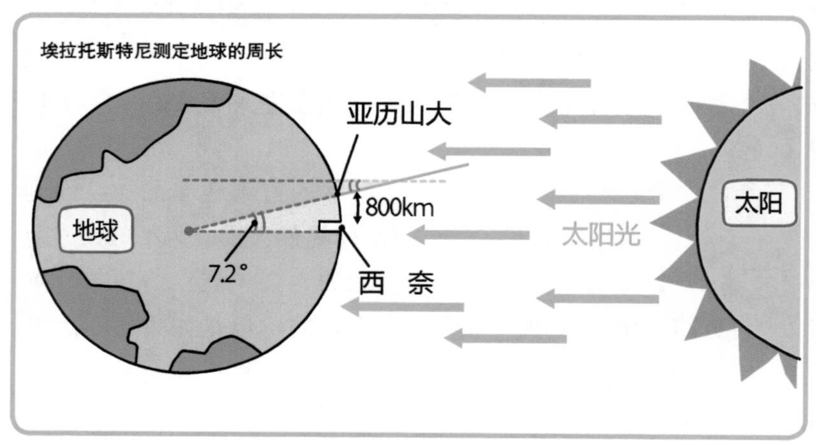

他利用太阳光沿着直线前进这一观点，测量了垂直立在亚历山大地面上木棒及其影子的长度，并假设木棒与其影子的角度与亚历山大和西奈形成的夹角相等，以此估算出地球的周长约为4万km。大家不觉得4万km这个数字很特别吗？就是地球的最大周长的长度。实际上长度单位米就是以地球为基准来定义的。

另外，现在的汽车上一般都装有GPS，利用GPS也能够轻易地测量出地球的大小。

实验1　用GPS测量地球大小

材料准备

带有GPS功能的手机、汽车

实验步骤

1 请尽可能地找一条长而平坦的南北向道路（这个步骤大概是最难的）。

2 利用GPS测定所在地对应的纬度。

3 接着向反方向（正南、正北）移动20s（1s=1/3600°）左右的距离形成纬度差。假设纬度差为x秒。x/3600就是纬度差的角度。请确保在移动过程中经度不发生变化。

4 如果使用汽车，就使用测距计测出移动前后两点间的距离，如果没有测距计就使用网络地图。请注意比例尺。假设该距离为$y$km。

5 之后计算比率。把x、y的值代入x/3600:$y$km=360:地球的周长，利用电子计算器计算出地球的周长。这个数字正好接近4万km。数字位数几乎没有差异。

人眼为何能看见东西?

据说亚里士多德曾经研究过“暗室针孔成像”和“光线路径”现象。这些研究完全没有被继承下来，在965年出生的数学家海什木的研究之前，光学领域基本上没有成为研究的对象。古希腊人以人为主体，被“亲眼所见”这一感觉所束缚，他们深信光线是从人眼传到某个物体上的，当光线到达物体时人才能认识、看见物体。而真正开始对这一根深蒂固的古老观点进行正面反击的人是海什木。

海什木是制作出暗箱原型的人，他在黑暗屋子的一面墙开了一个孔，外面的景色就倒映在了对面的墙上，而这个暗箱就成为了相机的原型。东京迪士尼海洋的地中海港湾要塞探险项目中就有这种暗箱。大型暗室初次建成于18世纪左右，专供画家使用，据说列奥纳多·达·芬奇也使用过这种暗室。

在针孔上安装镜头，对**实验2**中能够清晰成像的暗箱进行改良并奠定了几何光学基础的人也是海什木，因此他被称为近代光学之父。他认真研究了人眼的内部结构，发现镜头与晶状体的形状非常相似，并对人能够认识、看见物体做出了正确的解释，他认为并不是人眼发出的光，而是光从外部进入人眼后在眼中形成了倒立的像。

实验2　制作相机

材料准备

放大镜、牛奶包装盒、黑色喷雾剂、黑色胶带、白色塑料袋

实验步骤

1 将牛奶包装盒清洗干净，待其干燥后用黑色喷雾剂将其内部涂黑。

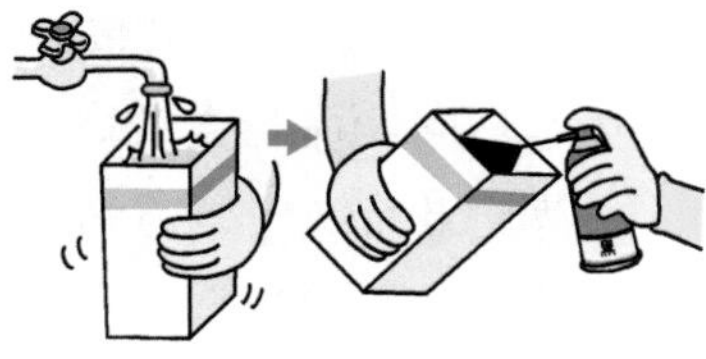

2 将一个牛奶包装盒的底部切割掉，并将它插入另一个牛奶包装盒中，然后如图粘上胶带。

3 在外侧包装盒上开一个直径为5mm左右的小孔，并在开孔处粘上放大镜。

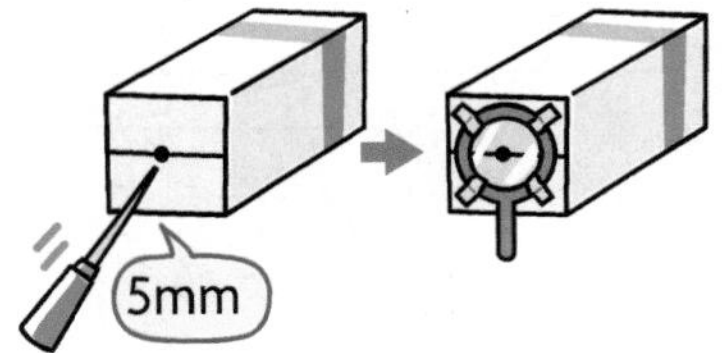

4 将盒子重叠起来看明亮的东西。能倒映景色的相机就做成了。

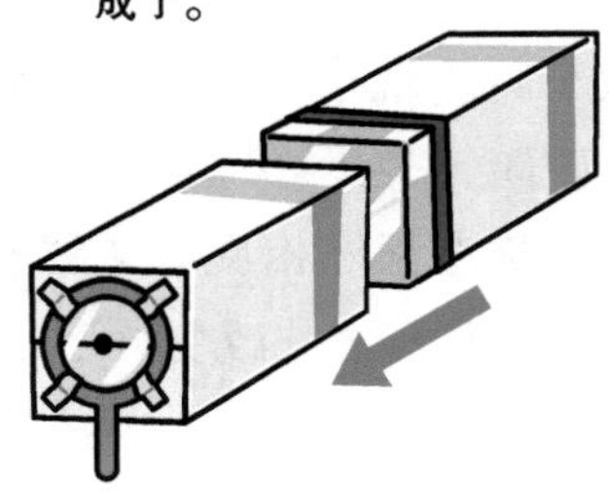

实验要点

请使用焦距为10cm左右的放大镜。如果焦距超过10cm，牛奶包装盒就不够大了，从而无法顺利成像。

凸透镜为何能成倒立的实像

很早以前人们就知道：当光线从空气中入射到水中时，会如**图1**那样弯曲。古希腊的托勒密（地心说的提倡者）曾研究了入射角θ_1和折射角θ_2之间的关系，并就它们的关系提出了定律。请从左斜方观察图1中的光线，它的入射状态与入射到**图2**中三角形玻璃（三棱镜）中的光线的入射状态相同。而当光线离开界面时，状态正好相反，从**图2**中我们可以看出光线向下方弯折。那么，让我们试着改变一下三棱镜角A的大小再来试试看。

如果角A为90°，光线就会发生大幅度偏折，而当角A无限接近零时，光线离开三棱镜时的状态就与离开平面玻璃时相同（**图3**）。

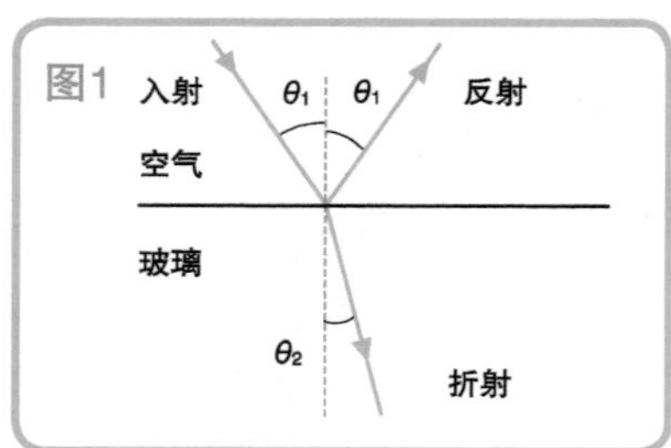

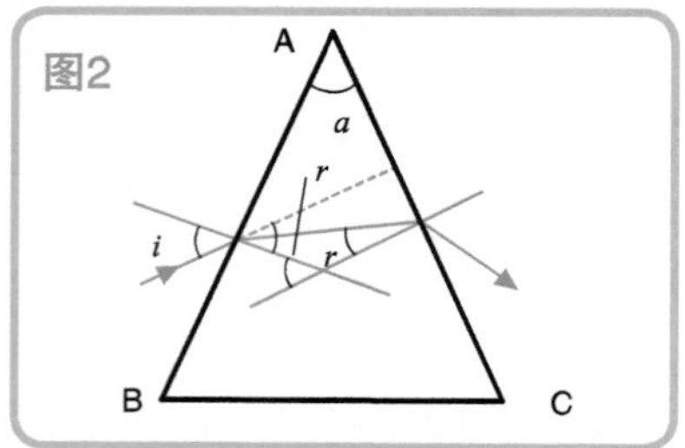

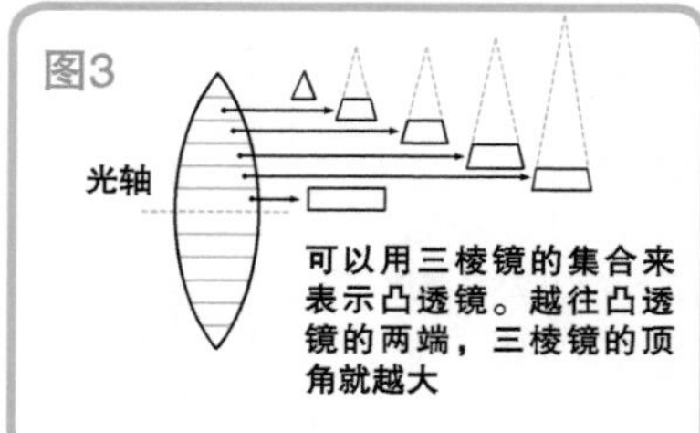

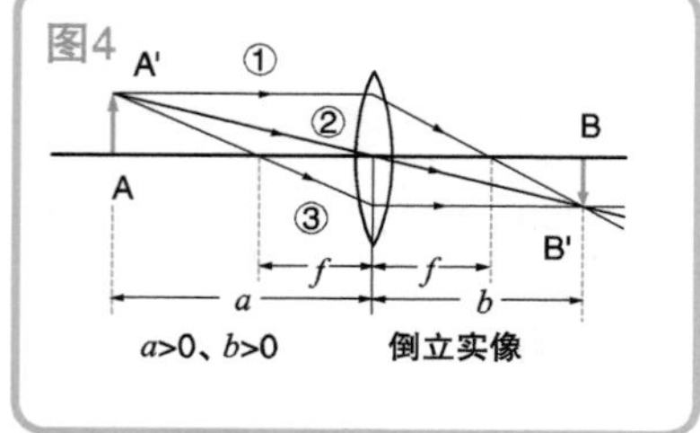

如果把凸透镜看作是由角度各异的三棱镜重叠而成的话，就能够明白为什么越往凸透镜的两端，光线偏折得越厉害，而越靠近凸透镜中央，光线偏折度越小。

任何与光轴（垂直于透镜的轴）平行的光线都会通过焦点（图4的①③），通过光心的光线会沿直线前进（图4的②）。按照这一定律，当光线从A′点出发经过凸透镜发生折射后汇聚于B′点时，就能作出物体经凸透镜所成的倒立实像。

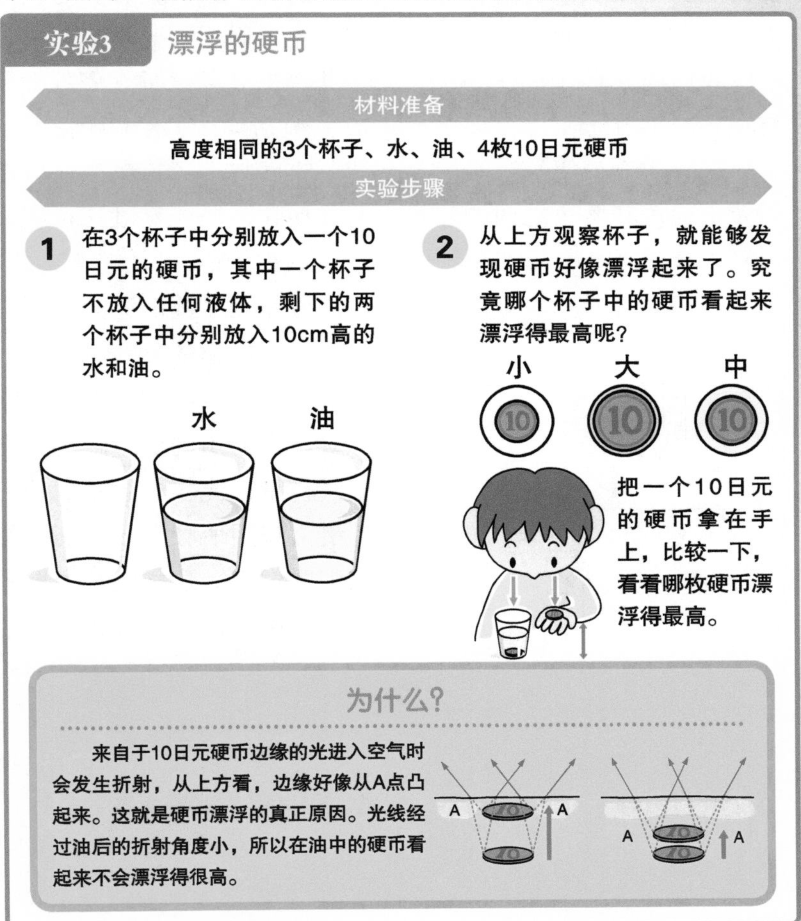

光为什么会发生偏折

为什么光进入不同介质时会发生偏折？在力学领域也颇有研究的牛顿和惠更斯就曾经探求过其中的原因。提起牛顿，我们会想到他是以万有引力定律为代表的力学系研究者。可实际上他还曾迷恋于光学研究，并于1704年出版了《光学》一书。一般我们都说彩虹有7种颜色，但是据说在牛顿之前，彩虹颜色被认为有红橙黄绿蓝紫这6种。而牛顿拘泥于7这个神秘数字（世界七大奇迹等），在蓝色和紫色之间加入了靛色（一般泛指介于蓝色和紫色之间的蓝紫色）。他让太阳光穿过三棱镜，反复认真地研究，发现太阳光会被分成7种颜色。

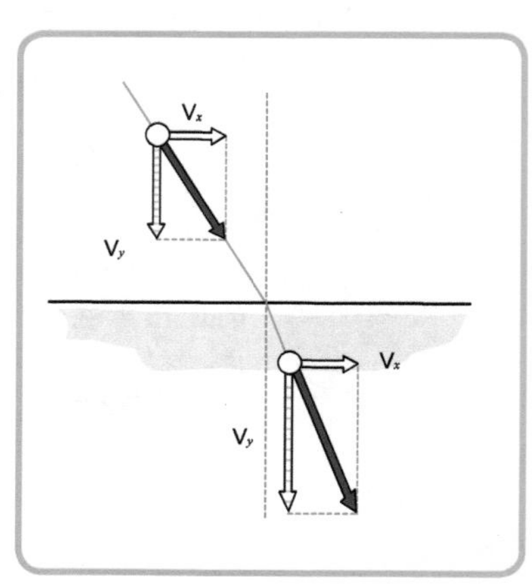

另外，牛顿研究的出发点就是他所提倡的光的粒子说。他认为当光线从空气中进入水中时，因为水的质量远远大于空气质量，光粒子会被水的万有引力作用所吸引，从而如图向下方偏折。这样水平方向的速度V_x不变，只有垂直方向的速度V_y会变大，结果光速在水中会更快。

并且，他认为光线照射到物体上会产生影子，与飞舞过来的粒子会被障碍物所遮挡不能绕到障碍物的对面道理一样，因此他提出了光的粒子说。

实验4 制作海市蜃楼现象

材料准备

水槽、漏斗、软管、盐、锅、蜡烛

实验步骤

1 在锅中放入水加盐，制作出大量的食盐水。

2 往水槽中加水，使水的高度到达水槽的2/3处。然后用漏斗和软管把食盐水慢慢地注入水槽中。

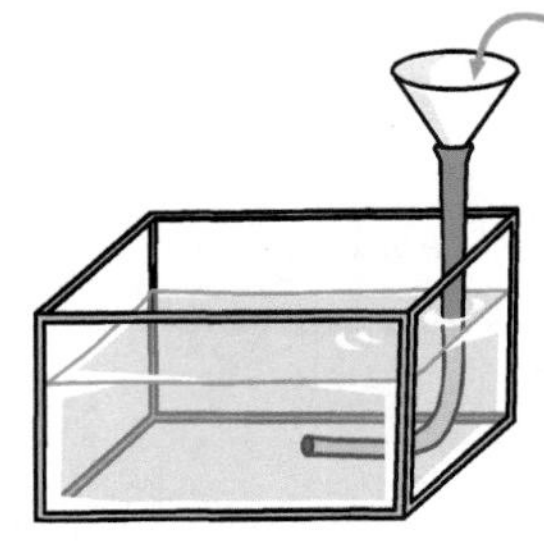

3 在水槽的一侧点燃一根蜡烛，然后从对侧的下方观察，就能够看到蜡烛漂浮起来了。这就是海市蜃楼现象。

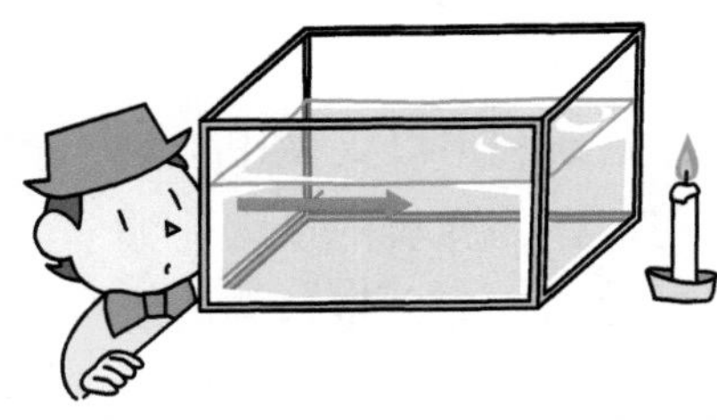

为什么?

在日本海区域，经常会看到对岸的风景和船飘浮在空中的海市蜃楼现象。这是暖空气遇到冷的寒流或融雪水所产生的现象，体现出温度越高光速越快这一特征。

惠更斯原理

如果光是粒子的话，为何来两束光相撞后不会反弹回去呢？从来没有人提出过这个问题。实际上这两束光会轻易地交叉而过，就好像什么事情都没发生过一样。为了解释这一现象，荷兰物理学家惠更斯主张光不是粒子而是波。这一主张被刊载在1690年出版的《光论》一书中。

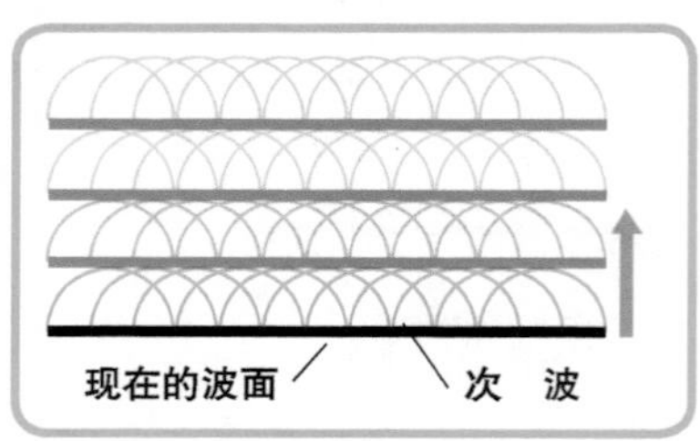

另外，如果空间中没有任何物质，波就不能传播。就像如果没有空气，声音不能传播一样，对于波来说在其周围一定充满了传播能量的物质（介质）。他认为这一物质就是以太。这个以太就是亚里士多德所提出的在天空和宇宙中充斥着的第五元素。

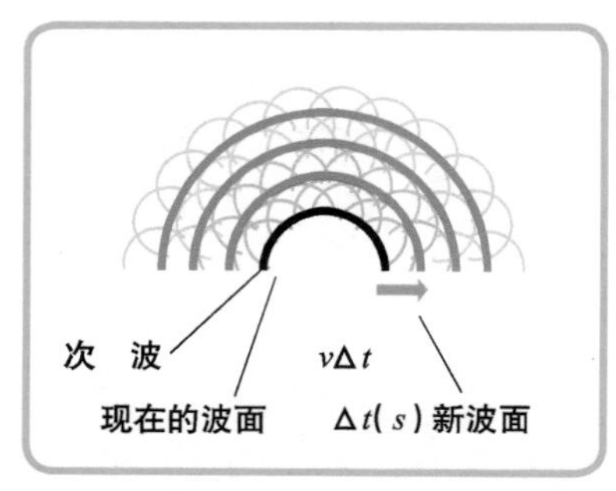

惠更斯利用以太做出了如下构想。作为介质的以太能够把振动传播给与之接触到的所有微粒，所以以它所在点为中心的球形波会不断地传播开来，这些球形波叠加在一起会形成新的波面。这种波被称为次波，这一原理被称为惠更斯原理。

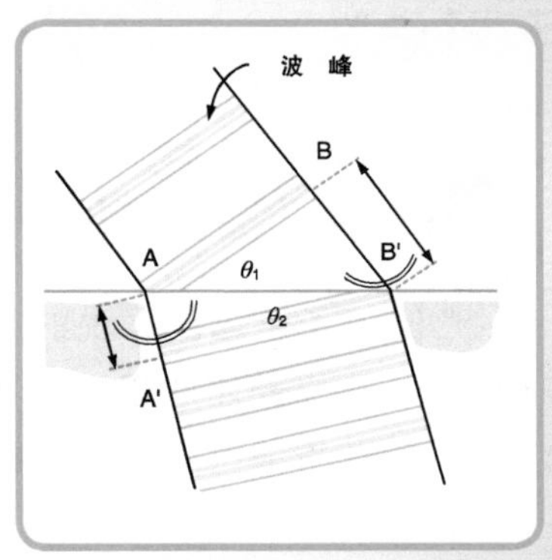

接着让我们利用惠更斯原理来看看光从空气中进入水中的情况。

波分为波峰和波谷，在这里我们只要注意波峰就可以了。假设光波从左上方进入水中。不久在线AB上就会产生波峰。根据惠更斯原理，点A、点B处会产生球形次波。但是，A点产生的次波在到达A′时，从B点产生的次波就会到达B′，这样就会形成新的波面A′B′继续在水中前进。也就是说，他认为光速在水中比在空气中慢，所以光会发生偏折。这一观点正好与牛顿的观点相反。

不用次波也能解释这一观点。请看左图。拿着长木棒的孩子们要想拐弯，**右边的孩子必须慢点、左边的孩子必须快点**才能顺利拐弯。光从空气中进入水中也与此相同。光在点A进入水中的瞬间会减速，其前进路线会发生偏折。阐明了弹簧伸缩变化与弹力的关系、研究过细胞的**罗伯特·胡克**通过研究肥皂泡为什么会呈现漂亮的颜色支持了光的波动说。那么，到底要采取牛顿的观点还是惠更斯的观点呢？

费马原理

光的粒子说与波动说的争论一直持续到17世纪后半期，当时出现了一位天才数学家（本职工作为律师），他发现了一条定理，为光的折射问题打上了终止符。他就是1661年出生于法国的业余数学家皮埃尔·德·费马，在数学界他提出了有名的费马最后定理。

费马最后定理认为，当自然数$n>2$时，关于x、y、z的方程$x^n+y^n=z^n$没有正整数解。虽说费马本人在定理旁写下“已证明”的字样，却留下了很多不解之谜。许多数学家都挑战过该证明，最终在1995年被英国数学家安德鲁·怀尔斯证明。

与光学有关的费马原理内容如下。

最初被表述为“光在任意介质中从一点传播到另一点时，沿两点间光程最短的路径传播。”之后被修改为“光程取极值”。难度较大的数学公式在这里就不叙述了，让我们来思考一下**实验5**。当从起点到终点有A~E这几条路径可选时，走哪条路径会最快？归根结底，费马原理就是求最短时间路径的原理（数学中的变分法）。

你感觉**实验5**的答案好像是C吗？其实正确答案是B。如果把B路径上下翻转，就与光入射到水中时的路径相同。据此似乎也可以得出光在水中的速度比在空气中的速度慢，所以光进入水中时会发生折射这一结论，从而为光的波动说提供了有力的支撑。光的波动说也因此突然开始占据上风。但是我们却无法简单地测出光速。

实验5　走哪条路最先到达终点？

实验步骤

1 如图在距离起点5m处画一条直线，并确定起点和终点。

2 准备5条路径。以每秒2步的速度徒步走到画线处，跨过线后请猛冲向终点。

3 在这5条路径中，究竟走哪条路径最先到达终点呢?让我们来实际操作一下吧！

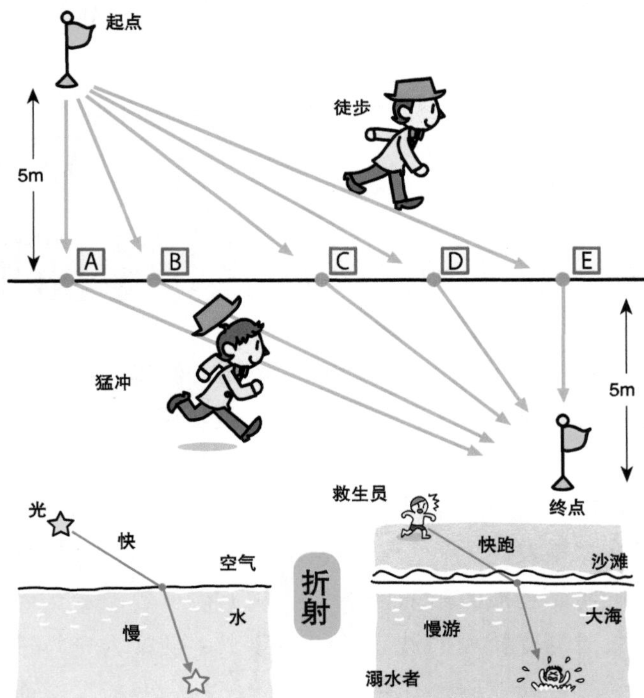

有溺水者时，海水浴场的救生员应该朝哪个方向跑过去救援呢？光在空气中传播的速度快，在水中传播的速度慢。人在沙滩上跑的速度快，在海里游泳的速度慢。这两者道理相同。光进入不同介质（导致光前进速度不同的物质）时，就会发生折射。折射角度由光在不同介质中速度的比率决定。折线为最快能到达目的地的路线。救生员面对溺水者时一般不会直线跑过去救援。

双折射与光的粒子性、波动性

世界上敢于挑战测量光速的第一人是伽利略。在其《关于两门新科学的对话》中就有关于测定光速的记载。在粒子说和波动说之争兴盛之前，世人都相信“光速无限”这一说法。1607年，伽利略做了一个实验，他叫两个人分别拿着A、B两个灯笼站在相距1km的山头，当第一个人熄火时立即开始计时，另一个人看到熄火后也熄火，同时停止计时，然后计算两次熄火间隔的时间。现在想来，这一测定方法确实相当简单，以当时的条件无法得出实验结果。于是伽利略写下来自己的感想，认为光速太快无法测出。我们现在已经知道光速为秒速30万km，这是我们人类从感觉上无法捕捉到的速度。

在此我想以另一个现象来结束本节内容，即由丹麦物理学家巴塞林那斯发现的方解石的双折射现象。他把画有一条线的纸铺在透明矿物质方解石的下方，从上往下看能看到两条线。这一现象成为支持光的波动说的强敌。牛顿认为光粒子的形状为椭圆形时就会在磁场作用下被重新分割为两极，从而勉强解释了这一现象。但是惠更斯认为光是一种纵波（前进方向和振动方向一致的波），所以不能把这两条路径区分开来，在近1个世纪的时间内，光的粒子说成为了欧洲的主流。

实验6　用透明胶带做双折射实验

材料准备

偏光板、透明胶带、透明塑料板

实验步骤

1 偏光板在家居中心等地方有售，它还可以被用作相机滤光片、太阳镜等。

2 将透明胶带在塑料板上粘贴几层。如果用偏光板将塑料板夹在中间……

就能看到这种色彩斑斓的图像。

为什么?

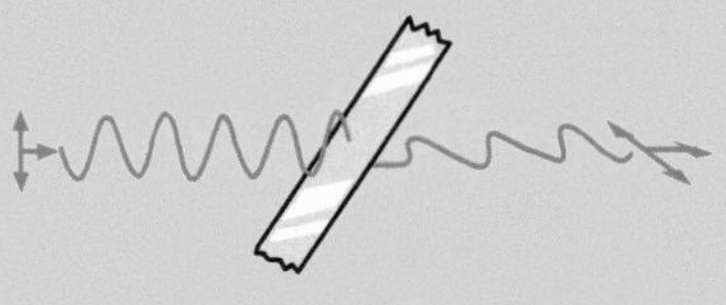

透明胶带具有让一定波长的光（光的波长与其厚度相对应）的振动面旋转并让其通过的性质。这就是双折射的原理。如果惠更斯发现光是传播方向和振动方向垂直的横波，就应该能明白光只能通过方解石的结晶结构与波的振动面一致的地方。但是他却认为光是纵波，所以无法解释双折射现象。

罗默测定光速

1675年，受到双折射发现者巴塞林那斯的启发，丹麦天文学家罗默成为世界上第一个成功测定光速的人。他到底使用什么来测定光速呢？他使用了距离地球很远的木星、围绕木星转动的卫星艾奥（木卫一，木星的第一颗卫星）来测定光速。现在已经发现了63颗围绕木星转动的卫星，木卫一艾奥是1610年伽利略用自制望远镜发现的四颗卫星（伽利略卫星）之一。

从地球上观察艾奥进入木星阴影的时刻M_1、M_2发现，位于地球E_2点时，要比E_1点慢22分钟，因为光要多花L分钟到达地球E_2点。另外，地球和木星的公转周期、艾奥绕木星的公转周期、太阳到地球和木星的距离等数值当时人们都已知晓，利用这些数值并结合上述观测结果计算得出光速的值约为每秒21万km。这与我们现在所知的每秒30万km已经非常接近。但是当时是世人都相信光速无限的时代，每秒21万km这一数值在学术会议上并不能令人信服。不过想探究光本来面目的牛顿和惠更斯支持了罗默的说法，促进了光速有限说的发展。

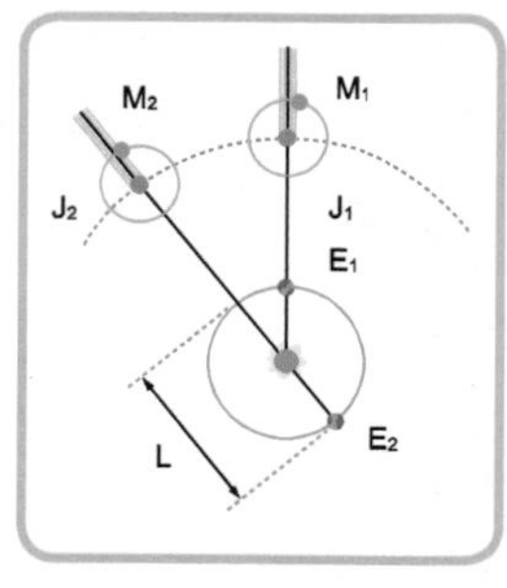

由于牛顿是发现万有引力定律的权威，所以他去世后其光的粒子说也被世人认为是“不言自明的真理”。

尽管有费马原理的支持，但是当时光的波动说却很难站稳脚跟。究其原因大概还是因为倡导光的波动说的科学家们假设了传播光的介质以太的存在吧。如果光是粒子的话，光在真空中也能穿行，不受任何空间的限制。但是站在光的波动说的角度来看，这一点是行不通的。波动说派的科学家们起初认为光与声音一样是纵波，所以假定整个空间中都充满一种类似于气体的物质，它能够传播波，这种物质就是以太。

但是发现气体压强与体积关系的定律，现在仍以其名字命名该定律的英国化学家波义耳于1660年做了一个实验，他将铃铛放入玻璃瓶中，然后将玻璃瓶内的空气抽出来使其成为真空状态，结果就听不到铃铛发出的声音了，由此表明了传播声音的介质是空气。当时他还标注了一小段文字，写道“即使抽出玻璃瓶中的空气听不到声音了，但瓶中的东西看起来仍然和未抽出空气之前一样”。

即使在真空状态下，光也同样通过瓶中，难道我们的周围也充满了以太吗？人们由此产生了疑问，光只受到重力影响的粒子说成为主流或许也是理所当然的。

牛顿也不是始终拘泥于光的粒子说。他把有若干曲面的玻璃和平面玻璃重叠在一起，从上面看到同心圆状的条纹花样，并将之称为牛顿环。但是用粒子说来解释这一现象非常困难，就连牛顿自己也觉得束手无策。

托马斯·杨的活跃

18世纪的光学发展与17世纪后半期的辉煌截然不同，几乎是零进展状态。因为欧洲人对科学的兴趣着眼于当时流行的电气领域。1个世纪后，终于有位英国科学家登场了。在能量研究方面颇有建树的赫姆霍兹也曾对其赞不绝口，认为“他是世界上活得最明晰的人，似乎什么都知道”，这位科学家就是托马斯·杨。

托马斯·杨原本是个医生，从研究散光和眼睛结构开始而步入了光学研究之路，他进行了如下页所示的双缝实验（光源不是激光，而是使用了日光），从而观察到波中特有的明暗交替的条纹花样，因此他明确指出光是波（1804年）。前面所提到的牛顿环也能够用这个波动说来解释。虽然托马斯·杨敢于挑战古老的权威，但是在诞生过牛顿的英国，他的主张完全没有引起重视。

不过，托马斯·杨的过人之处在于他并没有因此而气馁，之后他调查被保存在大英博物馆中刻有古埃及王朝历史的罗塞塔石碑，成功解读了上面的法老名等文字。他的成果后被法国学者让-弗朗索瓦·商博良所继承，成为解读罗塞塔石碑全文、了解古埃及象形文字的关键。

托马斯·杨留下的物理学讲义也一直被完整地保存着，被誉为是当时物理学的最高峰。另外，他不向权威低头、冷静地解释实验结果、聪明机智地深入研究考察等优点也值得我们学习。

实验7　光的干涉实验

材料准备

玻璃片、蜡烛、剃须刀片2个、白纸、激光笔

实验步骤

1 点燃蜡烛，用它在玻璃上熏出黑色痕迹。

2 把2个剃须刀片重叠起来，在玻璃片的烟熏部位轻轻地刮出条纹。

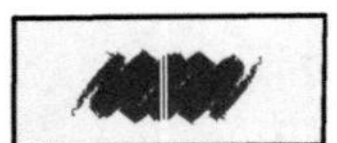

3 用红色激光笔照射玻璃片，试着让它在白纸上投影，会看到白纸上呈现许多红色的小点。

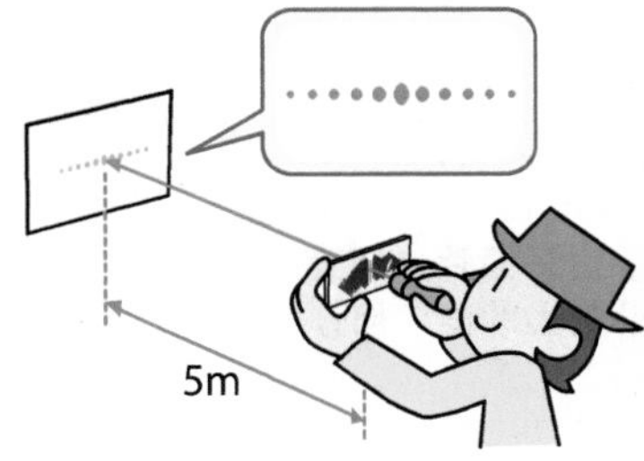

4 如果不用红色激光笔，而用绿色激光笔，结果会如何呢？实际上能够观察到许多间隔很小的点。那么用白色LED等强力白色光源，结果会如何呢？将会纵向出现许多七色彩虹条。

实验要点

通过双缝的两处光在波峰与波峰、波谷与波谷重合处会变得更强，而在波峰和波谷重合处振幅变为0，光会变弱，因而能观察到明暗相间的条纹。我们将这一现象叫做干涉，这是波特有的现象。

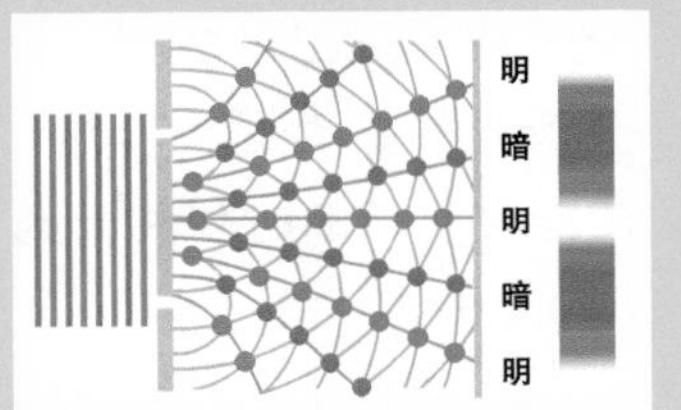

注意　千万不要直视激光笔发射的光线！

菲涅耳反败为胜

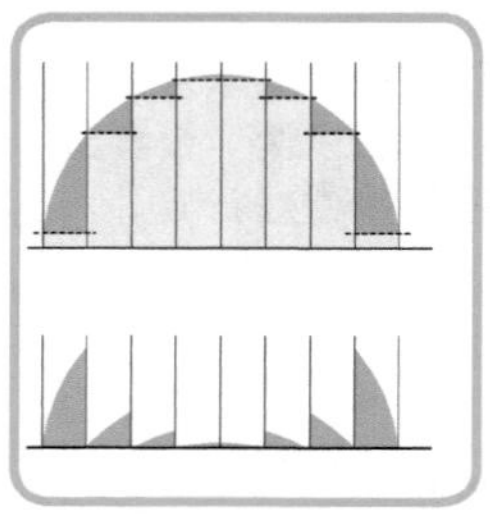

菲涅耳镜片只取图中凸透镜的蓝色部分

之后法国科学家菲涅耳发展了托马斯·杨的波动说，使杨在光学领域的地位得到肯定。大家曾见过平坦厚实像凸透镜一样能够放大物体的镜片吗？这种同心圆花纹镜片的发明者正是菲涅耳，是为了取代用于台灯的巨大镜片而设计发明的。

菲涅耳非常尊敬托马斯·杨，他改良了杨氏双缝实验，利用两枚镜片成功制作出了干涉条纹，完全打败了光的粒子说的“通过缝隙时光粒子与障碍物相互作用形成了干涉条纹”论断。在1817年有众多粒子说者聚集的法国科学学术会议曾悬赏征文要求解答以下问题，即“用粒子说来解释光在传播过程中遇到障碍物后能够绕过障碍物的边缘前进这种光的衍射现象”。当时来应征的人竟然以波动说精彩地解释了光作为波特有的衍射现象，着实令学术会议的评委们吃了一惊。

后来，菲涅耳与在电磁场相关领域有众多发现的法国科学家阿拉果一起通过实验验证了光是横波。同时，偏振光原理也与同一时期被提出。如果光是横波，就能用方解石内部的结晶结构会使光的振动面旋转这一理由来解释双折射现象。由此，光的波动说复活的时代终于到来。

实验8　利用偏振光板体验“穿越障碍物”

材料准备

偏振光板（在大型家居中心有售）、透明胶带

实验步骤

1 用剪刀将偏振光板按照如下尺寸裁剪。

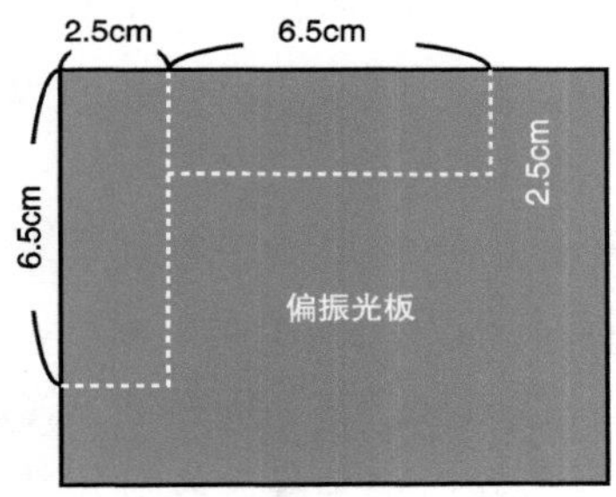

2 将两张长方形的偏振光板并排放好，卷起来并用透明胶带固定好。

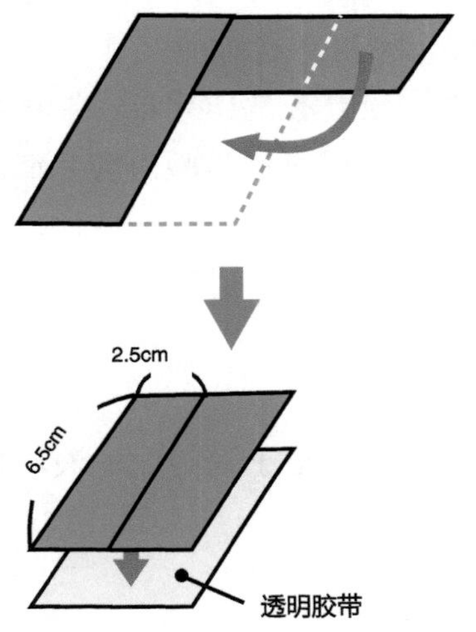

3 即使插入铅笔，光线也能通过。

为什么？

光是振动方向与传播方向相互垂直的横波，自然光向着各个方向振动，但是经过偏振光板后，就会变成为只向一个方向振动的偏振光。把两张偏振光板组合堆叠在一起，能够阻断光线。

水中的光速测定与波动说的胜利

1808年，属于光的粒子说派的法国科学家马吕斯已经发现了光的偏振现象。他在观察双折射的两条光线时，发现其中一条光线会因为观察角度的不同而消失不见。但是菲涅尔利用横波的性质以更清晰简洁的解释阐明了这一现象，由此光的粒子说的地位急剧下滑，光的波动说开始占据优势。

最终决定两种学说胜负的实验是1850年由法国物理学家莱昂·傅科进行的（你见过显示地球自转的巨大摆子吗？那就是傅科发明的傅科摆）。通过这个实验，他成功测定了地面的光速。

其实1849年，法国物理学家阿曼德·斐索就已经利用旋转齿轮法（通过旋转齿轮齿间的光往返约8.6km时就会通过下一齿）得出了光速为每秒31.3万km这一数值。不过斐索的实验规模庞大并且距离太长，要准备一个8.6km的水槽，这在实际上是不可能的。

傅科的方法是旋转镜法（据说这一方法是1834年由英国物理学家惠斯通设计的）。下页中记录了傅科的实验内容和简单的数学公式，请一定要拿着铅笔边写边看。按照这一方法，实验距离只需要20m就可以了，以较切实可行。通过该方法得知空气中的光速为每秒29.8万km，水中光速约为空气中光速的3/4。

水中的光速要慢。由此在漫长的光的粒子说与光的波动说之争中，波动说占据了优势。

傅科的光速测定方法

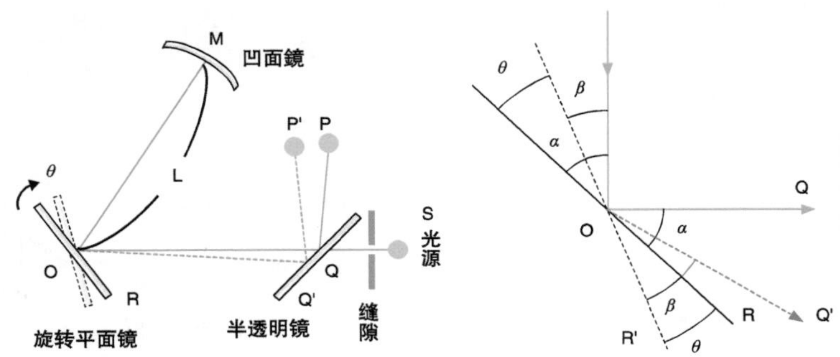

从S点发出的光通过缝隙后由平面镜R反射到凹面镜M上。接着光线由M再次反射，如果R是静止状态，就会被O点反射到半透明镜Q上，之后再被Q反射并在P点形成明亮的光点。

假设R每秒旋转n次。如果OM间的距离为L，光速为c，则光往返OM间距离所需的时间为$t=\frac{2L}{c}$。因为在这个往返期间R旋转了角度θ，所以返回来的光不是在P点而是在P′点形成明亮的光点。

如果要用θ来表示∠QOQ′的度数，根据上图，若镜面旋转了θ，则反射光会偏离∠QOQ′=∠QOR′−∠Q′OR′=（$\alpha+\theta$）−（$\alpha-\theta$）=2θ。因为镜子每秒旋转$2\pi n$（rad），则旋转θ（rad）所需的时间为$\frac{\theta}{2\pi n}$，因此$t=\frac{\theta}{2\pi n}=\frac{2L}{c}$成立。由此得出光速$c=\frac{4\pi nL}{\theta}$。

傅科以$n=800$次、$L=20$m进行实验，得出光速为每秒29.86万km。

阿拉果的疑虑

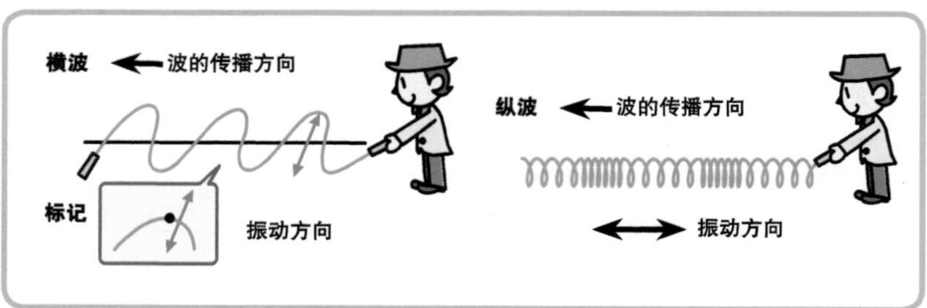

曾与菲涅尔一起研究并验证了光是横波的阿拉果其实对这一观点持怀疑态度。

因为他认为按理来说光是横波，可是凡事无绝对。

在解释这一点之前，让我们先来区分一下横波与纵波的不同之处。

我们手拿跳绳让它呈蜿蜒曲折状，这就是横波。波的传播方向与绳子各点的振动方向垂直。绳子的各点都牢固地连接在一起，如果没有相互之间紧密相连的介质，横波就不能传输能量。如在玩多米诺骨牌时，将第一枚牌向着骨牌队列的侧面放倒的话，不会产生任何连锁反应。这是因为各枚多米诺骨牌并未相连。因此，在分子之间距离相隔较远的气体和液体中，横波就不能传播。只有分子之间紧密相连的固体才能传播横波。越是坚硬的物体，传播横波的速度越快。

纵波是不能用绳子来表示的，可以用弹簧来形容它。拿着弹簧并前后晃动，弹簧的密部和疏部就会交替传播振动。

波的传播方向和弹簧各点的振动方向是相同的，这就是纵波。声音的振动所产生的声波就是纵波。借由空气分子间的碰撞就能将声波传播出去。就好比在玩多米诺骨牌时将第一张骨牌向前推，后面的骨牌会相继倒下。即使粒子之间距离较远，也能够传播纵波。纵波能够在固体、液体、气体任何一种状态中传播，它的传播介质不太受限制。而从古罗马时代开始，人们就已经知道声音是借由空气粒子疏密相间的波动在传播，所以光的波动说学派最初认为光是纵波也不足为怪。

如果光是纵波，那么传播光的介质以太也不会受到什么限制。随着时代的发展，对亚里士多德所提出的在我们周围乃至整个宇宙空间遍布的第五元素以太这一神秘物质持怀疑态度的人也越来越多。既然光是波，就需要传播它的介质。由于光能够从太阳、遥远的星系、篝火进入我们眼帘，所以以太应该就在我们的近旁，可是我们却看不见它，也从未听说过谁会撞上以太。因此它被认为是像气体一样的物质。

但是，如果构成以太的粒子不是像固体分子一样紧密相连，就绝对不会产生横波。另外，光速是如此之快，所以以太应该无比坚固，甚至坚固得超乎我们的想象。可是以太不是我们周围所遍布的气体一样的物质吗？这不是相互矛盾吗？以太到底是什么物质呢？

以太风

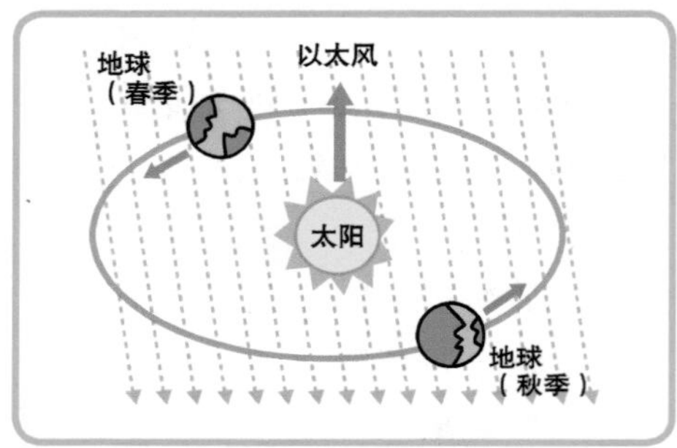

我一点都不赞同地球和包围着地球的以太一起在运动这个说法。

因为这又回到了地球是宇宙的中心这一地心说上来。如果说布满整个宇宙的以太是静止的，而地球和太阳等星球在以太之中运动着，这一观点倒是更妥当。

要传播光，以太必须是坚固且密度小的物质。如果地球在如此坚硬的以太中运动的话，应该会有强烈的以太风吹到地球表面上，实际上并未发生这种现象。美国物理学家迈克尔逊认为即使感觉不到以太风，但是受以太风的影响，光速会产生差别。

迈克尔逊坚信地球绕太阳公转的方向在以太的上风，这样在上风、下风和垂直于地球运动方向上，光速一定会有差异。他于1881年在德国的柏林和波茨坦测量了两个方向的光速。他用来测量的仪器是由电磁学领域的巨匠麦克斯韦设计、并经迈克尔逊亲自改良过的“干涉仪”，该仪器堪称是当时精度最高的装置。但是迈克尔逊最终完全没有检测出以太风，得出了哪个方向的光速都一样的结论。

于是，根据实验结果，迈克尔逊在学会上发表“地球和以太一起运动”的言论。但是他的这一言论在学会上遭到了所有人的反对，并且有人驳斥他：“虽然你的观点最终立足于光的波动说，难道你相信地心说吗？”他很沮丧地回到了美国，但时刻不忘要制作出精度更高的干涉仪。一次偶然的机会，他与物理学家莫雷一起合作再次提高了干涉仪的灵敏度，这次他们想用干涉仪测量出光在水中的速度。

因为水中的光速要比空气中的光速慢，并且即使没有以太风也会有水流，这样按理来说向着上游方向前进的光速一定会更慢，虽然比较速度快的东西很难，但是如果是速度慢的东西，其差别应该会被干涉仪检测出来。他们在1886年做了测量。但是这次得出的实验结果也是光速相同。这样一来连迈克尔逊自己都觉得不可思议。

于是，迈克尔逊和莫雷假设“真的存在以太吗？”“莫非速度合成定理在光中不成立？”，为了证明这些他们进行了一次又一次的测量。1887年，他们在一个不受外界干扰的地下室，把一面边长为1.5m、厚度为30cm的正方形岩石浮在水银中，用干涉仪测量了所有方向的光速，得出的实验结果显示所有方向的光速都是一样的。

人类终于开始着手研究光学这一神圣领域，并且发现在光速的世界里伽利略和牛顿的物理定理都不成立。迈克尔逊由于改进了迈克尔逊干涉仪，并用它在光谱学和度量学（米原器）研究方面做出了一定的贡献，于1907年度被授予诺贝尔物理学奖，成为美国科学院第一位诺贝尔物理学奖获得者。

光速不变原理

如果从与光等速并列前进的火箭中观察光，光会呈什么状态呢？它是静止状态吗?很遗憾，这个回答是错误的。答案可以从迈克尔逊和莫雷的实验中得知。无论是沿着光传播过来的方向测定光速还是沿着光远离观测者的方向测定光速，光速的测定值都相同。实验表明无论观测者如何移动，光速都不会改变。这个问题的答案是光会以光速前进。

据说这个问题和答案是爱因斯坦在16岁时提出的。如果站在时速80km的卡车上向前方投掷时速60km的球，则球会以时速140km的速度向前方飞去。但是，如果换成光速，就不能像这样进行速度合成，无论发光物体的运动状态如何，不管从哪个方位看，光速永远都是秒速30万km。我们将这一假定叫做光速不变原理，这是爱因斯坦于1905年6月发表的特殊相对论（狭义相对论）的两个核心假定之一。

其实，光是一种电磁波。电磁波不论观测者的运动状态如何，不论波源的运动状态如何，其速度都是一定的。它还有一种特征，即电磁波不需要传播它的介质，在真空中也可以传播。在热力学领域也做出过卓越贡献的麦克斯韦已经于1864年利用其天才数学手法解出4个方程式组证明了这些内容。

真空中，电磁波的传播速度=光速，这是由真空中的磁导率和介电常数决定的，因为它们都是常数，所以真空中电磁波的传播速度和光速都是一定的。

实验9　电磁波的产生（准备篇）

材料准备

煤气点火器、带有鳄鱼夹的线圈、聚氯乙烯绝缘带

实验步骤

1 将煤气点火器的一头拆下来，用聚氯乙烯绝缘带将带有鳄鱼夹的线圈连接在点火器内部的金属零件部位。

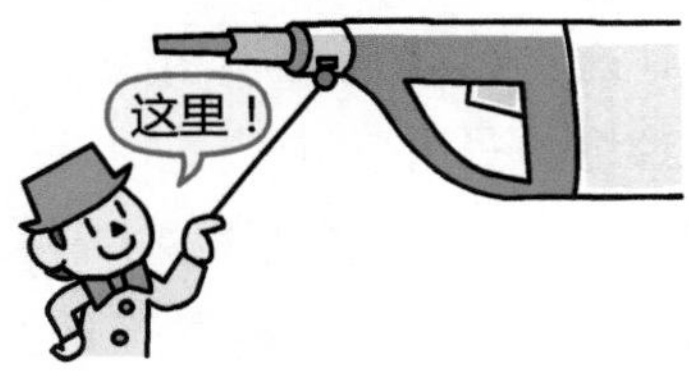

2 将另外一个带有鳄鱼夹的线圈连接在喷火器头部。

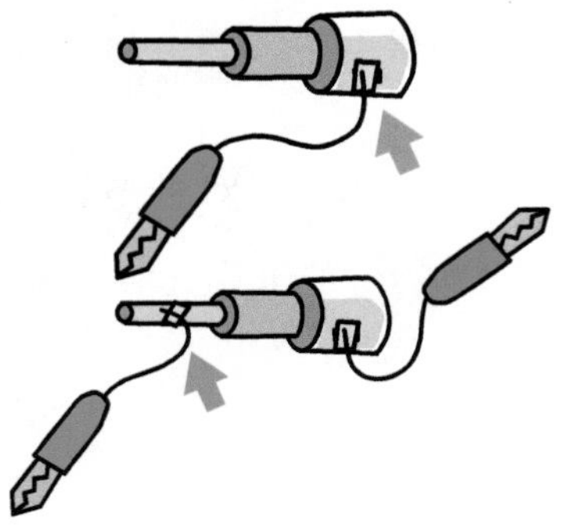

3 将点火器的外壳恢复原样，就能够做成一个简单的火花产生装置。

4 在收音机旁边按压点火器的扳手部位，就会产生“噗嗤噗嗤”的杂音。这是因为火花产生了电波。

实验要点

之前电磁波都是利用了火花放电原理，1888年赫兹以麦克斯韦的理论为基础发现了电磁波，这也是由火花放电现象产生的。使用煤气点火器时，请注意一定要确保里面的煤气已经用完。

麦克斯韦认为按理不会发生如此奇妙的现象，因为不能进行速度合成违反了牛顿力学定律，若没有介质以太存在就是无稽之谈，所以他觉得这个方程式组和光速不变只有在某种限定条件下才成立，连他自己也没有发现此方程重要性。

当爱因斯坦完成狭义相对论时，他就已经知道麦克斯韦的方程式和其解是正确的，有必要修改一下牛顿力学定律，同时他否定了光的介质以太的存在。而且他声称最具有参考价值的不是牛顿力学，而是麦克斯韦方程组。

书店里面有各种关于狭义相对论，尤其是力学相关话题方面的入门书。要想了解由狭义相对论的另外一个假定“相对性理论”推导出来的各种现象和它的奇妙性，请参考相关书籍。

狭义相对论的代表性现象如下，在接近光速运行的火箭中，时间会变慢；在火箭内发生的事情从外面来看没有同时发生；如果位于火箭的前方，周围的星球会不断地从火箭背后绕到火箭正面来，物体会收缩，其惯性质量会变大等。如果感兴趣，请阅读相关入门书籍。

到此我们还是没有完全了解光的本来面目。对于光的探索实际上还没有结束。

实验10　火花通信（金属屑检波器的原理）

材料准备

铝箔、纸杯、小灯泡、电池、点火器（参照实验9）

实验步骤

1 将许多揉成小球的铝箔放入纸杯中，在纸杯壁上粘上长方形的铝箔条。

2 即使按照下图组装电路，灯泡也不会亮。

3 但是如果在电路旁边按压点火器让它产生火花，灯泡就会变亮。

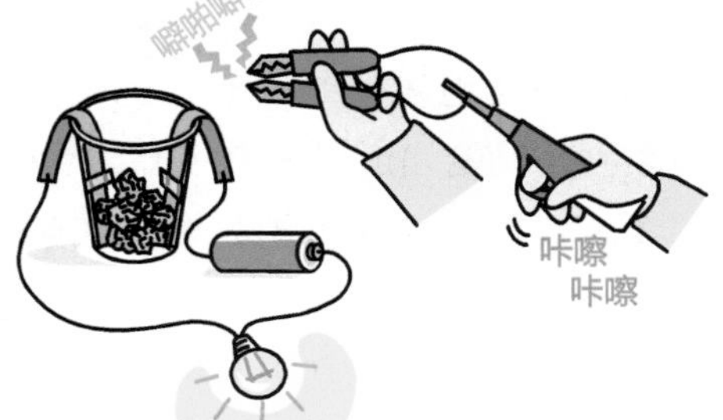

实验小贴士

用铝箔粉末填充筒的内部，然后在筒的两侧接上电极。这样就形成了一个小小的装置，我们将它叫做金属屑检波器。安装在泰坦尼克号上的电波接收器就是这种金属屑检波器。铝箔表面极其容易被氧化，从而在其表面形成一层薄薄的氧化膜。这层薄膜会阻碍电流通过。但是火花产生的电波传过来时，粒子和粒子之间就会形成火花四溅的景象，此刻电流就能通过。如果在筒的两侧施加电压，并将它与蜂鸣器等发声装置连接起来，应该会发出与电波功率和波长相对应的“嘟嘟”声。

19世纪的乌云

1900年，英国物理学家开尔文（在维多利亚时代被赞誉为“科学家的明镜”，为人类留下了许多精湛的科学研究成果）发表了题名为“19世纪物理学晴空中的两朵乌云”的演讲。其中的一朵乌云就是指前面所叙述的以太，另一朵乌云是热辐射问题。

如**实验11**所示，给各种物质加热，物质会随着温度的变化而变色。例如灯笼中的白炽灯罩会被烧得格外白。通过颜色我们还能得知星球的表面温度。20世纪初期，工业取得了飞快的发展，为了把熔矿炉里被熔化得通红的铁水放到模具里制造兵器，各国都拼命地发展制铁业。当时，工人只要看一下铁矿燃烧时的颜色，就能知道温度有多高。

尤其是普鲁士（现德国），富国强兵和基础科学共同进步的目标，使其迫切想要了解物体热辐射产生的电磁波的波长（主要是红外线）和物体温度的关系。但是，按照传统的测量方法，得出的实验结果与实际情况完全不同。即使按照热力学和统计力学的方法，也就是把发热物体当做正在做热振动的粒子团来处理也不行。

德国物理学家普朗克和爱因斯坦成为解决热辐射问题的中心人物，据说他们当时主张光既具有粒子性，又具有波动性（波粒二象性）。

实验11 物体温度与颜色的关系

材料准备

蜡烛、用于灯笼的白炽灯罩、金属筷子（金属签也可以）

实验步骤

1 点燃蜡烛。焰心为黄色，内焰为蓝白色，外焰为红色。你认为哪部分的温度最高呢？

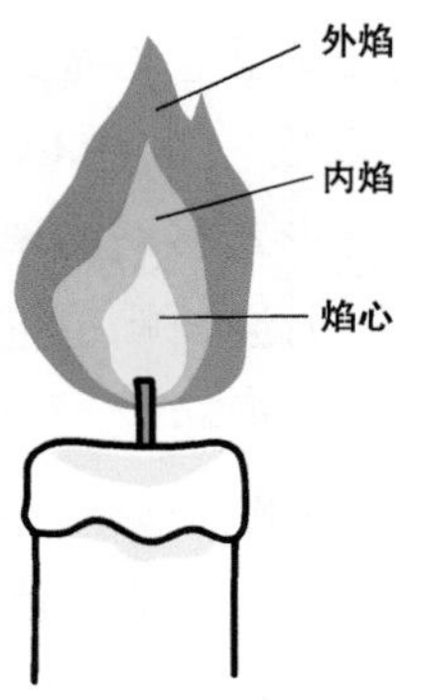

根据测定结果，焰心温度为700℃，内焰为1400℃，外焰为900℃，由此得知物体燃烧时的颜色会根据温度的不同而不同。

2 用金属筷子夹住白炽灯罩，并用瓦斯炉烧灯罩，使其发出耀眼的白光。

灯笼由玻璃纤维做成，具有良好的耐热性。如果其表面变得像灰一样，就会发出白色的耀眼光芒。

另外，星球表面颜色和温度的关系如下。根据颜色可以将它们分为各种不同类型。

O型 蓝色 30000℃
（处女座α星角宿一）

B型 蓝白色 10000℃
（大犬座天狼星）

A型 白色 8000℃
（天鹅座α星天津四）

F型 淡黄色 7000℃
（北极星）

G型 黄色 6000℃
（太阳）

K型 橙色 5000℃
（猎户座α星参宿四）

M型 红色 4000℃
（天蝎座α星心宿）

光量子假说

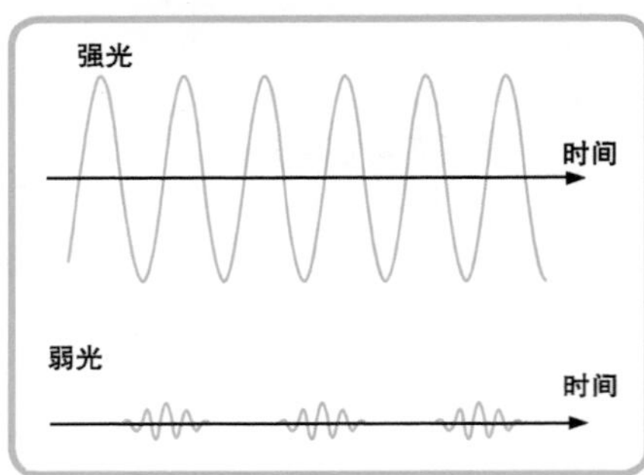

普朗克所设想的作为粒子的光即光量子到底是什么呢？

包含光在内的电磁波是同相振动且互相垂直的电场与磁场在空间中以波（横波）的形式移动的现象。每秒内振动的次数（振动频率）越多，电磁波的波长就越短，如果是光，其颜色就会由红色向绿色、紫色变化。振幅大，光就会更加明亮，也就是光通量大。但是，光波具有特殊性质。

如果是弱光，光波的振幅就会较小，但是它并不会一直都是连续的。当光弱到一定程度时，在振幅为零的点，光波的相位不连续，此时光就会像具有一定能量的粒子一样运动。这个能量团的能量被观测为普朗克常数h（$6.63\times10^{-34}m^2$・kg/秒）×光的振动频率ν的整数倍，所以普朗克将拥有最小$h\nu$（J）的能量团叫做光量子。

普朗克提出了光量子假说，证实了热辐射所产生的电磁波的波长与温度的关系在理论值和实测值上是吻合的，但是普朗克却无法解释其中的原因，爱因斯坦解释了其中的原因。在爱因斯坦发表狭义相对论的1905年，他同时发表论文正式提出光量子假说并用它解决了物理学上无法解释的光电效应问题。1921年，爱因斯坦获得了诺贝尔物理学奖，他获奖的原因不是相对论，而是光量子论。

实验12　光电效应

材料准备

丙烯尺、纸巾、锌板、箔片验电器、砂纸、黑光手电或者杀菌灯

*这里面有一些东西只有学校实验室才有，但是此实验具有非常高的价值，所以请大家尝试挑战一下。

实验步骤

1 用砂纸将锌板打磨一下，放在箔片验电器上。

2 用纸巾摩擦丙烯尺，产生静电，将丙烯尺靠近箔片验电器，箔片会张开。

3 此时，用食指触碰锌板，箔片就会闭合。放开食指并让丙烯尺远离箔片，箔片会再次张开。这是因为整个箔片包括锌板都带负电。

4 从上方用黑光手电光照射到锌板上，箔片又会马上闭合。

（有关光电效应的解释请参见P118。）

光的粒子性能说明什么问题呢?

与光的光通量无光，光波振幅越大光的能量就越大，也就是说紫色光、紫外线比红色光拥有更大的能量，这一假说到底能够说明什么问题呢？让我们来举两个例子并做一个实验确认。

❶ 能说明为什么会发生光电效应

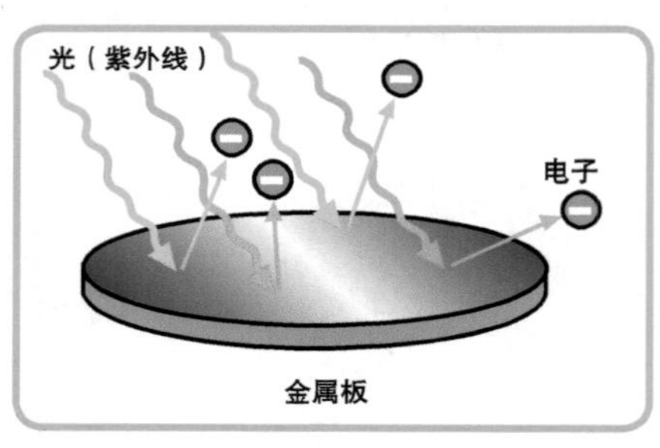

让金属中充满带负电荷的电子。从上方让光通量大的红黄绿光照射到金属上不会发生任何反应，但是如果让波长较短的微弱紫外线照射到金属上，负电子就会立即从金属中逃逸出来，这一现象就是“光电效应”。这在当时是一个很难的问题。但利用“越是接近紫色光，能量就越强”这一光量子假说就能够解释这一现象。

❷ 能说明人为什么能够感知到微弱的光

来自于遥远星球的光能够穿过我们直径为1mm左右的瞳孔进入我们的眼中被我们看到。但这种光作为波的能量极其微小。这么小的能量，人眼内部的视觉细胞完全不会对此有反应，按理来说人就不能看到星星。可是我们却能看到星星，这是因为在瞬间有100个左右的高能量光量子团进入我们的眼睛，所以我们的视细胞对此有反应。

实验13　黑光手电照射实验

材料准备

黑光手电、纸币、营养饮料、荧光笔、
涂了荧光涂料的玩具、衬衫等

实验步骤

1 黑光手电一般在大型家居中心有售。不要选择灯泡类型的，请选择荧光灯类型的。

2 让我们试着用它照射各种各样的东西。

用荧光笔画一幅画，让黑光手电照射到画上，画会变得非常漂亮。为了防止伪造纸币，在纸币上涂有对黑光有反应的荧光涂料。在营养饮料的维生素中也加入了对黑光有反应的物质。

为什么?

如果让普通光照射到荧光涂料上，不会产生任何现象。但是如果让接近紫外线的、波长短、振动频率高的电磁波照射到荧光涂料上，荧光涂料中的原子就会接收到巨大的能量，为了把接收到的能量恢复到原来的状态，涂料就会产生发光现象。真正的珍珠，用黑光手电照一下就会发光，而用黑光手电去照仿制品时，仿制品是不会发光的。因此，黑光手电能够被用来做一些简单的鉴定。

光的波粒二象性的影响

1916年，爱因斯坦进一步完善了光量子假说中光粒子性的内容。在此之前，世人一直都认为光粒子是拥有hν能量的粒子，但是后来被爱因斯坦扩展到光粒子也是拥有动量的粒子，这个动量值为h/光的波长λ。

由此，力学中的基本理论能量守恒定律和动量守恒定律也可以被应用到光的领域了。这一假说对20世纪的物理学产生了巨大的影响，让我来介绍一下它的几点影响。

一是扩展了1895年由德国物理学家伦琴偶然发现的X射线的内容。X射线的穿透力非常强，现在一般被用于拍摄人体骨骼和内脏。而X射线的真实身份是比紫外线的波长短的电磁波，这一点在光量子假说被发表之时就已经被得知。美国的实验物理学家亚瑟·霍利·康普顿认为："如果让X射线照射到小粒子（电子）上，两者应该会像台球一样相撞。"并且他通过实验发现电子碰撞后X射线的能量会如他所预测的那样减少，电子获得X射线的部分能量而反弹，X射线的波长变长（振动频率变小）。光在碰撞到粒子后会向各个方向飞散出去，我们将这一现象叫做散射，有时也会冠上发现者的名字称之为康普顿散射。1927年，康普顿因为这一发现获得了诺贝尔物理学奖。

另外一点就是引发了法国物理学家路易·维克多·德布罗意的下述设想。如果波的光具有粒子的性质，那么一直被认为是粒子的物体是不是也具有波的特质呢？德布罗意认为具有这种波粒二象性的物质是电子，并于1924年在他的博士学位论文中预言："如果用电子枪将电子射入双缝中，也会像双缝实验那样产生干涉条纹（即衍射）。"

据说爱因斯坦读了这篇论文后，极力称赞了这位年轻的物理学家。之后正如德布罗意预言的那样，证实了如果电子的波长满足德布罗意波长公式：波长=h÷动量（h表示普朗克常数），一直被认为是粒子的电子就会像该波长的波一样波动，产生干涉、衍射等现象。

后来应用这一理论，发明了电子显微镜。电子显微镜使用电子和磁石代替了光和透镜，原理上与凸透镜的聚光原理一样。它把电子当做像光一样的波，电子受到磁场的作用就相当于透镜能使光弯折，这是电子显微镜与光学透镜的最大不同之处。现在利用电子显微镜能够将各种物体放大。

另外，波粒二象性还扩展到了不确定性原理上。有人重新反思，认为电子并不仅仅作为一个无限小的微粒而存在，同时它还有可能会在某处某时刻出现某种波动状态。当它的粒子性强时，其波动场所就会限于一点，但是因为这一场所过于狭小，所以无法确定电子的波长、电子的动量。当然也有与此相反的情况。我们将电子的位置和动量不可同时被确定的性质叫做海森堡不确定性原理。这对量子力学的发展产生了巨大的影响。

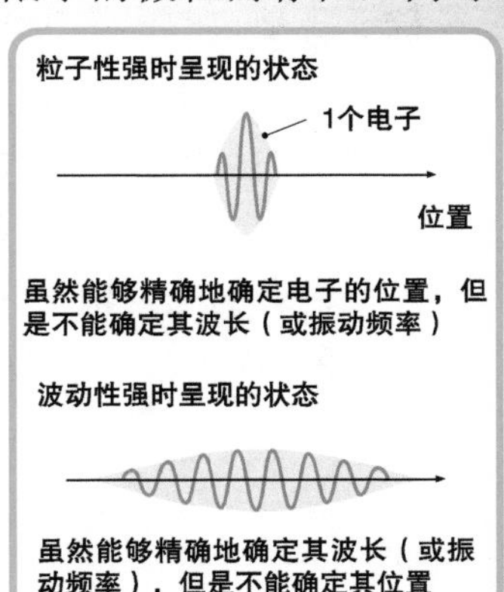

结 语

虽然光学的研究曾以电场和磁场振动的波动说暂告一段落，但是进入19世纪后，以爱因斯坦为中心的众多科学家们又对此展开了讨论，结果得出光既具有粒子性又具有波动性这一结论。时至21世纪的今天，光又被看做是构成宇宙的最基本粒子之一，也是传递电磁相互作用的基本粒子。作为基本粒子，光的正式名称为光子，与它同属的还有传递重力的重力子（又叫引力子）、传递强核力（使核子组成原子核的作用力）的胶子、传递破坏放射线 β 所需弱核力的弱力玻色子，其中重力子还未被发现，还是一种假想粒子。

本章一直都是围绕“争论”展开的。实际上，关于光到底是粒子还是波的争论在本章中反复了两个轮回。我们由衷地感到人类的进步正是建立在这种既互相尊敬又互相抨击、赞扬的基础之上的。继光的波动性与粒子性之争之后，波尔与爱因斯坦关于量子力学基本理论的争论也是物理学界的又一段佳话，如果有机会的话，请大家一定要阅读一下我在参考文献中所列出的相关书籍。

第 4 章

电学的研究

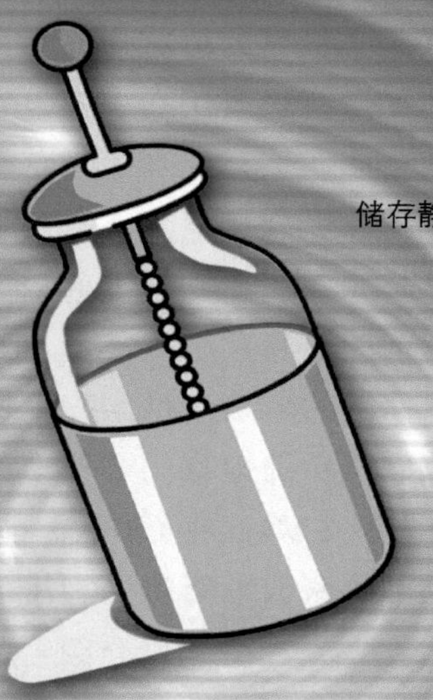

储存静电的莱顿瓶

静电时代

静电的性质

从静电到动电

用电探索物质的性质

直交之争

利用磁场变化产生电流的电磁感应现象是英国物理学家迈克尔·法拉第于1831年所发现的。这一年既是研究热电效应的塞贝克的逝世之年，也是预言电磁波存在的麦克斯韦的诞生之年。这一年之前，对电的研究一直都只是科学家们的余兴。而在这一年之后，电学成为了一门科学。从静电到电池、从直流到交流，电学迎来了它的真正时代。

静电力的首位发现者是谁?

公元前500年左右，希腊当地的贸易商们就知道，要使来自于波罗的海的宝石**琥珀**（植物的树脂化石，因电影《侏罗纪公园》而出名）变得更加漂亮就要用布去擦拭它，被摩擦后的琥珀会具有吸引羽毛的性质。他们一直认为这种吸引力就像一种魔力，因此没有将此现象记载在书上，只是以口口相传的形式广为人知。由于琥珀在希腊语中读作Electron，所以成为现在的Electric（带电的）等词的语源。

与此同时，像摩擦过的琥珀一样具有吸引力的天然磁铁矿被牧羊人发现。这个磁铁矿的地点正好位于希腊的Magnesia，因此Magnesia一词成为现在Magnet（磁铁）的语源。

古希腊的第一位哲学家**泰勒斯**最先利用琥珀和磁铁进行了实验，并以“奇特之物”为名将它们介绍给了当时贵族们。泰勒斯提倡**万物的根源是水**，泰勒斯定理（直径所对的圆周角是直角）被写入了现在中学的教科书中。

偶尔也能在一些书籍上看到静电力和磁力的**发现者是泰勒斯**的表述方法。不过也会有其他不同的发现者，当然这些都来源于世间的传闻。但作为“希腊七贤”之一的泰勒斯确实本着自己的兴趣进行了此类实验，并将实验结果告诉了当时的贵族们，这一点似乎是真的。之后迎来了**大航海时代**，磁铁也随着**罗盘针**的开发而被看做至宝，但静电却因为没有实用性而被人们所忽视。

实验1 静电实验中的相互吸引——为何物体最终会分开？

材料准备

垫子、长形橡胶气球、化纤围巾、纸巾、烟灰、纸

实验步骤

1 把垫子放在头发上摩擦几下后向上方抬起，头发就会向直立起来。

2 让其他人拿着化纤围巾，自己拿着气球。两人用力让围巾和气球互相摩擦，一旦听到啪啪的声音，立即用气球去吸引围巾。气球和围巾会黏附在一起。

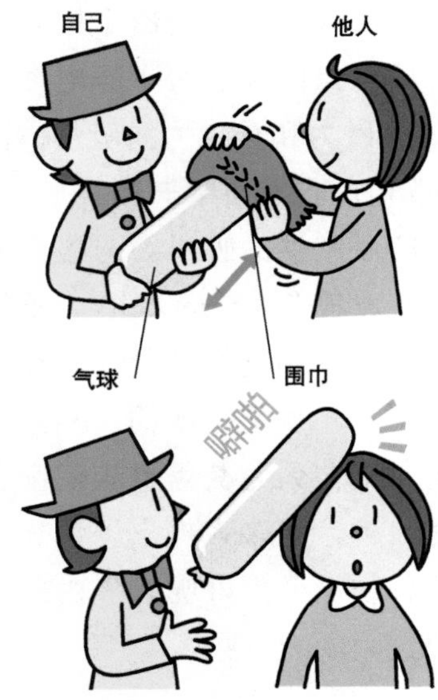

3 把纸巾撕成小块揉成小团后放在桌子上，用摩擦过的气球靠近这些小纸巾，纸会被吸附在气球上。过一会儿，它就会与气球分开。这是为什么呢？

4 把烟灰放在纸上，然后用摩擦过的垫子靠近烟灰，烟灰就会来回地移动，并不会被吸附在垫子上。

这个问题的谜底，让我们在下个实验中再来深入地探讨。

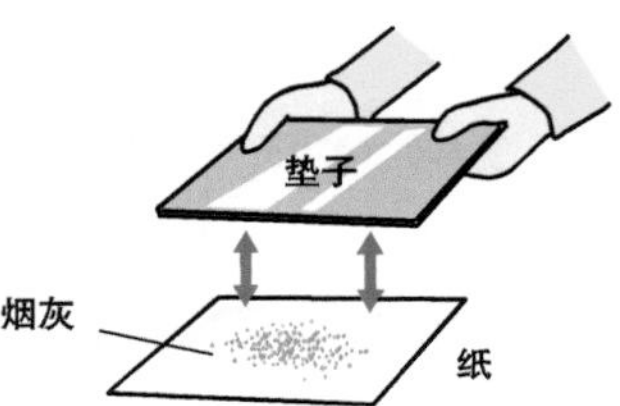

医生吉尔伯特的出版物

1573年，有一位名叫**威廉·吉尔伯特**的医生在伦敦开的诊所开张了。据说由于他医术高超，最终成为了女王的御医，女王快要逝世时，赠与了他大量遗产。吉尔伯特虽然是位名医，但是他从年幼时起就对磁铁非常感兴趣，一直在进行有关磁石的实验。当时他深受英国的唯物主义哲学家、思想家、法律家**弗朗西斯·培根**的影响，反复地进行实验和观察，终于在1600年出版了英国第一部科学书籍——《论磁石》（此书是一本有关磁石、磁性体的书籍，它把地球看作一个大的磁石）。他在这本书中，对于磁石的N极为什么会一直指向北方这个问题给出了明确的答案。

这本书的六章内容几乎全部与磁石有关，但是由于他天生喜欢实验，特意从相互吸引力这一共同点出发，写了静电力的相关知识，本书的第2章也**对磁石的吸引力和静电力的吸引力做了比较**。这是物理学上第一部关于静电的古典科学书籍。

吉尔伯特在书中指出，摩擦琥珀后产生的吸引力与磁石的吸引力不同，并将它称之为电力，英语名称为electricity。不仅琥珀，玻璃、水晶、兽皮、硫黄、丝绸、棉花等各种物质经摩擦后是否都会带上电呢？就此他进行了一次又一次的实验，并且将实验结果写在了《论磁石》上。很多人尤其是贵族们读了这本书后，都对静电的吸引力产生兴趣，很多人提出了这一疑问，“要使吸引力更大，组合哪两种物质会更好呢？”由此，贵族们终于开始把资金投入电学研究领域。

实验2　吸附在一起的物体为何会分开?

材料准备

垫子、线、架子、泡沫塑料球或纸球、空罐子

实验步骤

1 如图，在架子上挂一根线，并在线的头部吊一个泡沫塑料球。将摩擦过的、带静电的垫子放在泡沫塑料球的旁边……

2 泡沫塑料球就会像秋千一样开始做往返运动。

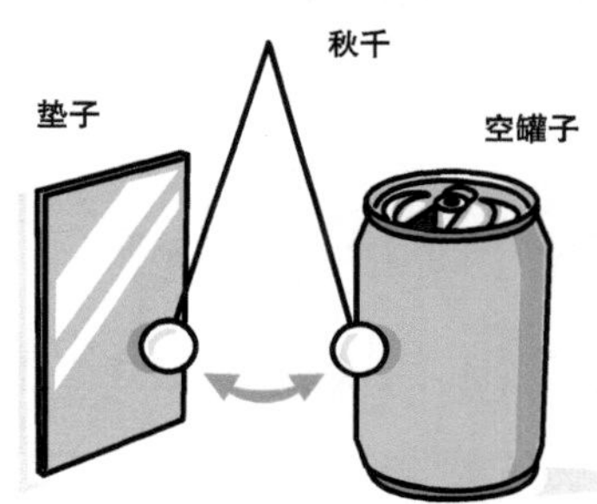

为什么?

电子移位

显像管

被吸引

电性中和

如果将显像管电视机的开关打开，漂浮在电视机周围的灰尘就会被吸附在显像管上。因为显像管中带有负电的电子会从显像管内部撞击过来，所以显像管的表面也会带上负电。

一切物质都是由原子构成的。原子由带正电的原子核和围绕原子核旋转的、带负电的电子组成。当带有负电的物体靠近不带电的物体时，不带电物体的原子中会发生少许电子移位的现象。因此，在灰尘表面，正电和负电会被分开到两侧。这就是电介质极化现象。灰尘吸附在显像管上后，灰尘近显像管的一侧就会变成带正电状态，从而与显像管内部的负电发生电性中和，灰尘中只剩下负电荷后，又会被带负电的显像管排斥开。

不过，如果灰尘中的水分等物质妨碍灰尘与显像管接触，就不会产生电性中和，灰尘就会一直黏附显像管上。因此实验前，要事先擦掉显像管上的污物。

电介质极化

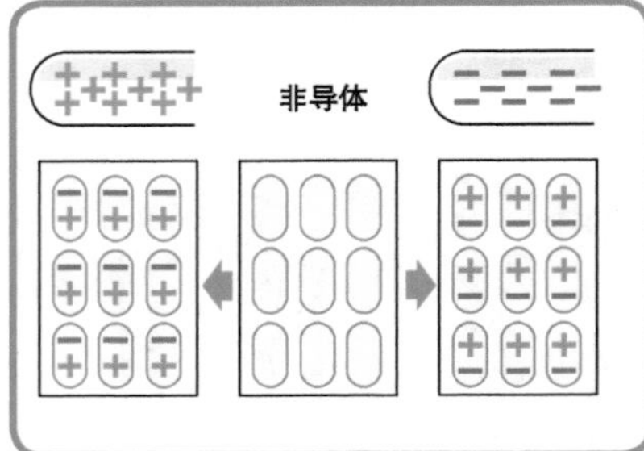

我们将不导电的物质叫做**非导体**或**绝缘体**。在绝缘体中，没有能够自由移动的带负电的电子（**自由电子**）。

虽然在绝缘体中也有电子，但是它却被牢牢地束缚在构成绝缘体的原子中，这些电子能够在原子的周围移动，但是却不能在整个绝缘体内部来回自由地移动。

如果把带正电的物体靠近绝缘体，如**上图**所示，构成绝缘体的粒子就会把负电荷部分置于上方。在绝缘体内部，正电荷和负电荷紧挨着互相抵消，而表面电荷却没有与之互相抵消的反向电荷，所以只有在绝缘体表面能观察到正负电荷。这种状态就是**电介质极化**。绝缘体是能够被电极化（发生电介质极化）的物体，有时也叫它**电介质**。

如果让带负电的物体靠近绝缘体，正负电荷会正好对调。我在上物理课时经常会打这个比方，"大家请看窗外！"于是学生们一起把脸朝向窗户。这种状态就好比电介质极化，自己的位置没有改变，但表面上看来却好像被分为正电、负电两个部分。这就是水和纸被静电所吸引的"微观印象"。

实验3　利用静电使水流弯曲

材料准备

长形橡胶气球、化纤围巾、自来水

实验步骤

1 用围巾摩擦橡胶气球。围巾会带上正电，气球会带上负电，并且会发出噼啪噼啪的声音，接着拧开自来水的水龙头让水缓缓地流出。

2 把气球靠近水龙头，水流就会向着气球开始弯曲。这是因为水带有正电吗？

3 接着让围巾靠近水龙头。如果水带正电，应该会与围巾互相排斥从而远离围巾，但是这次它们却是互相吸引。

为什么？

观察一下水分子的结构，水的氢原子附近为正电状态、氧原子附近为负电状态。分子中正负电荷的中心不重合，从整个分子来看，电荷的分布是不均匀、不对称的，这样的分子为极性分子。当外界负电靠近时，氢原子就会被吸引，相反，当外界正电靠近时，氧原子就会被吸引。

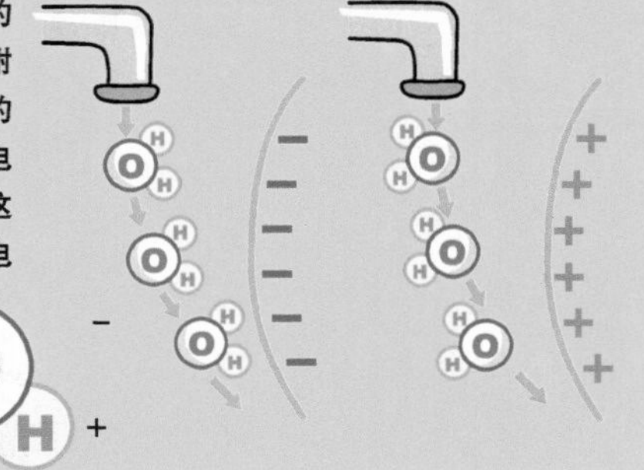

何谓静电感应？

在理科术语中，还有一个词叫做**静电感应**，它与电介质极化类似。把金属导体放进电场中，由于电场力的作用，金属导体两端会分别出现正负电荷，这种现象就是静电感应。在电介质极化和静电感应中，被放进电场的物体两端都会出现正负电荷，但是**在电介质极化**中被放入电场的是**绝缘体**，而在**静电感应中**被放入电场的是**金属导体**，它们的原理完全不同。

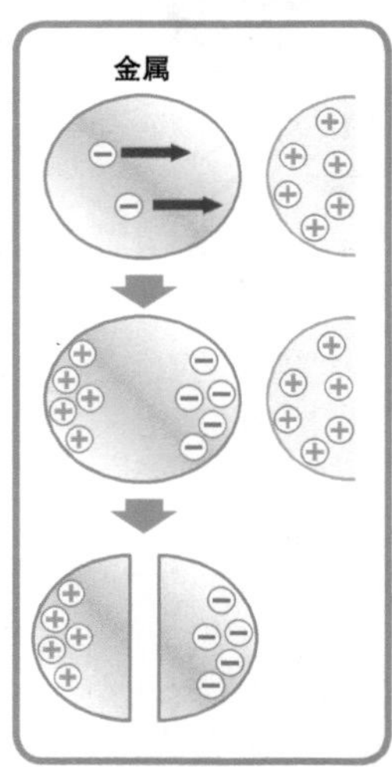

金属中包含带正电的粒子**阳离子**和围绕其周围自由运动的带负电的**自由电子**。正是由于自由电子，金属才容易导电、导热。当带正电的物体从右侧靠近金属时，金属内部的自由电子就会一起被吸引到右侧，这样金属右侧就会带负电，左侧会带正电，即右边是电子挤堆的状态，而左边为无电子状态。

如果把这种状态的金属从中间分开，就能把它分为正电部分和负电部分。金属因受外界电荷的影响，其电荷重新分布被分为正负两部分，我们将这种现象叫做静电感应。打个比方说，假如让教室里的女生都靠近窗户，男生都靠近走廊，如果从正中间将教室分开，就能分成男女两部分。但电介质极化，即使将绝缘体分开，也不能独立地取出正电部分和负电部分。因为如前所述，大家只是转动了脸，所以即使将教室分成两半，也不能将男生和女生分开。

实验4　区分静电感应和电介质极化

材料准备

长形橡胶气球、化纤围巾、线、透明胶带、铝箔、纸、吸管

实验步骤

1 把橡胶气球和围巾互相摩擦，使气球带上负电。

2 把铝箔揉成团制作3个铝箔小球，其中一个用线吊起来，剩下的两个粘在吸管头部，并事先让吸管头部的两个铝箔球靠在一起。把带负电的气球靠近吸管头部的铝箔球后，再将它们分开。

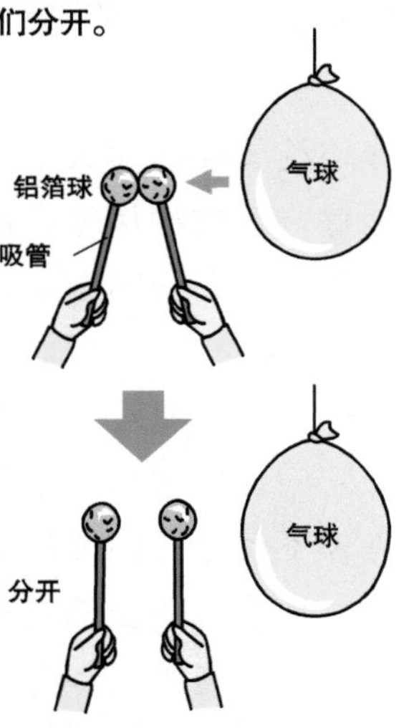

3 让吸管头部的铝箔球靠近线吊着的铝箔球，线吊着的铝箔球会被吸引过来。好像吸管头部的铝箔球已经带电了。

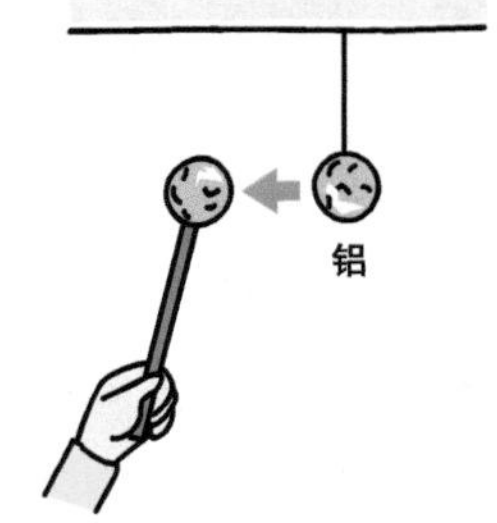

4 试着制作3个纸球代替铝箔球，按照上述实验方法进行相同的实验。这次用线吊着的纸球却无动于衷，完全没有被吸引过来。

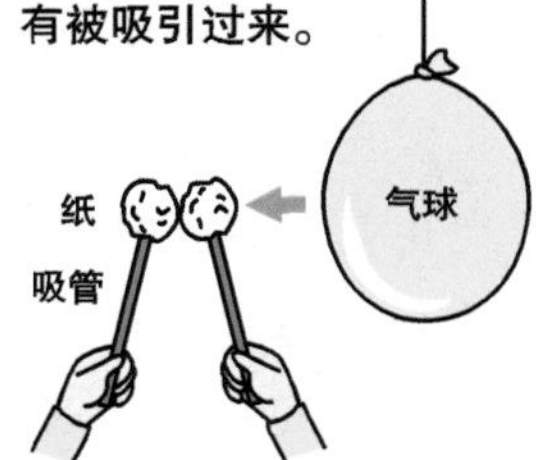

为什么？

在外界电场的作用下，金属导体会发生静电感应，可以将它分割成正电、负电部分。但是纸是绝缘体，受外界电场的作用会发生电介质极化，并不能将它分割成正电、负电部分。

储电装置的发明——莱顿瓶

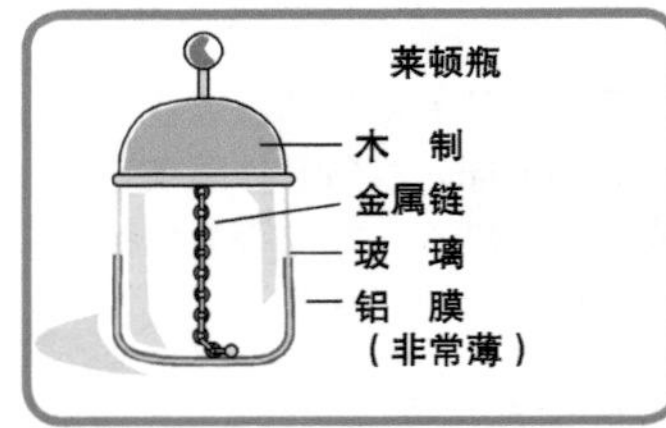

1746年，荷兰莱顿大学的教授马森布洛克发明了一种能够储存静电的装置。由于这种装置的研究一直都是在莱顿大学进行的，所以将这种装置叫做**莱顿瓶**。不过也有记载表明，另外有人也发明了这种装置。

莱顿瓶是一个玻璃瓶，瓶里瓶外分别贴有薄薄的金属膜（铝膜），瓶里的金属膜通过金属链跟金属棒连接，棒的上端是一个金属球。发明之时，很多人认为是玻璃在储电，其实这个观点是错误的，电被储存在夹着玻璃绝缘体的两张金属薄膜上。两张金属膜夹着绝缘体的结构装置一般被称作**电容器**。根据绝缘体的性质，相隔的金属膜的面积越大、间隔越小，就能储存更多的电荷。

后来美国科学家本杰明·富兰克林用莱顿瓶观察放电实验现象时，发出的响声和放出的电火花立刻让他联想到了雷电。难道雷电也是一种放电现象？富兰克林不仅大胆的提出了这个假设，并开始着手研究验证。1752年，他在**电闪雷鸣**之时进行了著名的**风筝实验**，当时在风筝线的一端所连接的装置就是这个莱顿瓶。风筝遭雷击后雷电被传到莱顿瓶中，这与储存静电时的充电现象一样，由此富兰克林证实了雷的本质就是电。但是这个实验非常危险，据说1753年有科学家试着再次进行这个实验时而被雷电击毙。另外，富兰克林还是个有名的政治家，他的头像被印在了100美元的纸币上。

实验5　制作简单的莱顿瓶

材料准备

塑料杯2个、铝箔、剪刀、透明胶带

实验步骤

1 准备2个大点的塑料杯，比如在野外烤肉时使用的那种塑料杯。

2 在塑料杯的上方留出1cm，用铝箔将塑料杯外侧的其余地方全部覆盖上。制作2个同样的装置。注意用透明胶带将铝箔粘贴好，不要让其表面凹凸不平，并且不要忘记粘贴杯子底部。

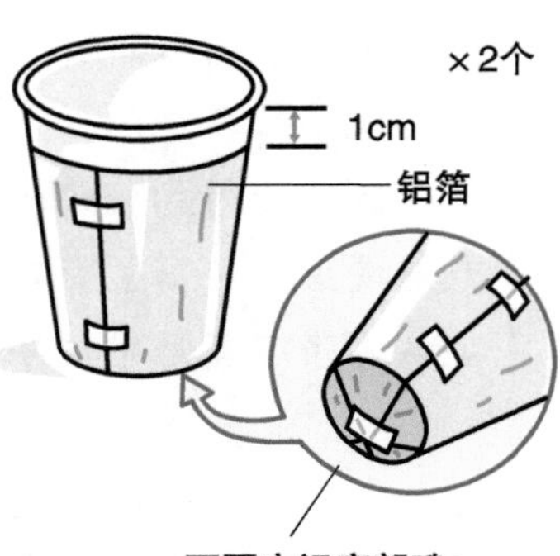

3 用透明胶带把一条短条铝箔粘贴在一个塑料杯的外侧。这个塑料杯在下一步骤中要放在里面。

4 将两个塑料杯叠放在一起就可以了。

制作要点

制作时，手上不要有油，以免油渍弄脏塑料杯和铝箔。不要让外面杯子上的铝箔和里面杯子上的铝箔接触到，否则这个装置就会无用。

静电放电

由于莱顿瓶的发明，储存电荷变得轻松简单了，与**摩擦起电机**（通过人力旋转玻璃体得到高压电）配套的放电实验开始在各个地方作为表演而进行。像**实验6**中的“百人握手体验触电”之类的实验曾经在欧洲各地都上演过。

摩擦起电机渡海来到日本是在1776年。当时它像古董一样以破烂不堪的故障品姿态被陈列在长崎的出岛，**平贺源内**看见后觉得很有趣就将它买了下来，拿回家反复拾掇将它复原，并将其命名为エレキテル（即摩擦起电机，荷兰语原为elektriciteit），并利用它在众人面前进行了触电实验。

前面提到的富兰克林不仅在电学方面进行了诸多研究，还发明了避雷针。在富兰克林进行的众多实验中，有下面一个实验。“玻璃和布相互摩擦，让它们带电，接着让得到玻璃电的人和得到布电的人握着手，就会发生放电现象”。富兰克林在1750年将这一现象表述为**电中和现象**，认为带电就是电从中和状态中分离。

如果某一物体吸收电荷，该物体就会由电中和状态变为电过剩状态，这时物体显正电，相反如果电从该物体中逃逸出来，该物体就会显负电。这种正负电的设想是之后对正电、负电探索的基础。我们将这一设想叫做富兰克林关于电的**一流体说**。该说法有别于1733年法国科学家**迪菲**所提出的**二流体说**，迪菲认为“电分为两种，即玻璃电和树脂电，同种电荷互相排斥，异种电荷互相吸引”。

实验6　用莱顿瓶进行“百人握手体验触电”实验

材料准备

杯子形莱顿瓶、长形橡胶气球、化纤围巾

实验步骤

1　让10个人手拉着手。不用紧紧地握住，只要感觉食指之间挨着就可以。

2　让队列边上的人拿着莱顿瓶。

3　围巾和气球相互摩擦后，把橡胶气球上的电传给莱顿瓶，直至莱顿瓶上的突出部分发出噼啪噼啪的响声。

4　让另一头的人用手指头触摸莱顿瓶上突出的部分，这时，大家都会有触电的感觉。

为什么?

带负电的气球靠近莱顿瓶时，莱顿瓶内部的铝箔会发生静电感应，铝箔上正电荷与气球的负电荷中和，并在铝箔上残留负电荷。由于内部的负电荷的作用，莱顿瓶外部的铝箔也会发生静电感应，铝箔上的负电荷会从人手上逃逸，铝箔上残留正电荷。这样，在莱顿瓶上就会储存了正负电荷。

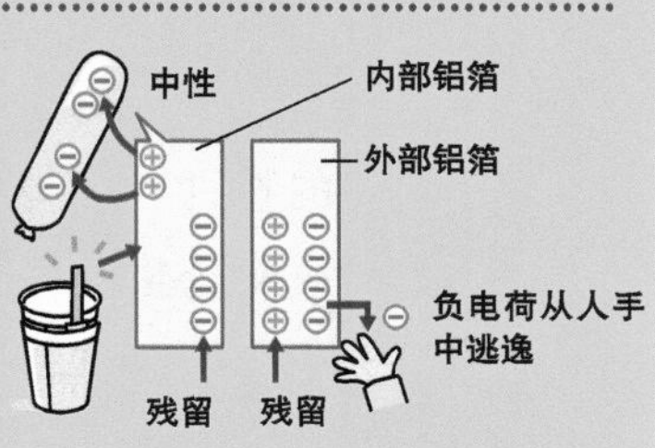

电量和静电力的关系——库仑定律

在电的本质被搞清楚之前，一流体说和二流体说一直都混合存在着。18世纪末期的1785年，法国物理学家库仑利用扭秤阐明了两个静止点电荷之间的相互作用力（吸引力、排斥力）的大小与电量之间的关系，即同种电荷互相排斥、异种电荷互相吸引，它们之间的作用力的大小与它们所带电量的乘积成正比，即**与距离的平方成反比**。这就是现在还会出现在物理教科书上的“库仑定律”。下页**实验7**将会介绍利用了“同种电荷互相排斥”这一现象的电子水母实验。

“互相吸引的力与距离的平方成反比”，我们似乎在哪儿听说过这一表述，没错，这就是就是牛顿所思考的有质量的物体之间会互相吸引的**万有引力**，“两物体之间的万有引力与质量的乘积成正比，与距离的平方成反比”。万有引力公式被发表于17世纪后半期，与库仑定律相隔了近100年。如此看来，关于电的研究发展还真是慢啊，直到进入20世纪才真正迎来了“电的时代”，但当时的人或许完全没有意识到这点。让物体带电后触摸物体会有轻微的酥麻感，这种“余兴的实验现象”并未真正触及科学领域。

库仑原本是一个要塞设计工程师，由于工作关系他每天都要研究建筑材料的物性、摩擦状况、坚硬度、扭曲度等，为了响应法国科学院有赏征集研究船用罗盘，他的科学生涯开始从工程建筑转向磁力研究，并且实现了从磁力领域向电力领域的飞跃。

实验7　让电子水母腾空升起（排斥力的利用）

材料准备

长形橡胶气球、化纤围巾、打包带、CD盒

实验步骤

1 用围巾摩擦气球。

2 剪一段长约10cm的打包带，将一端系好，然后将它撕开分成多束，每束宽约2mm。

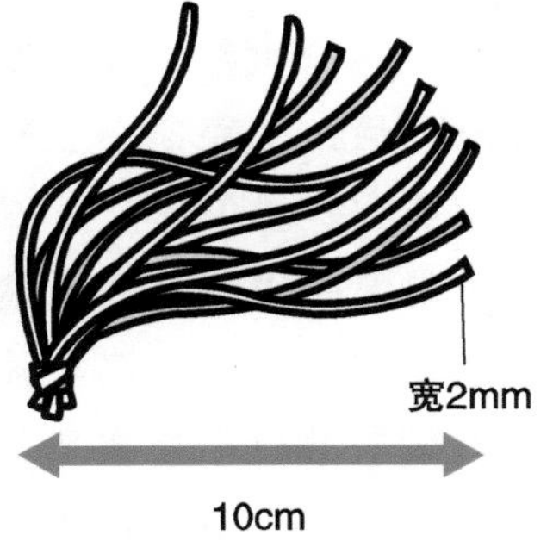

3 把分好的打包带放在CD盒上，用纸巾摩擦打包带。

4 将打包带抛向空中，用摩擦过的橡胶气球让它飘浮在空中。因为打包带和橡胶气球都带有负电，所以它们之间会互相排斥，打包带飘浮在空中。

库仑定律的第一位发现者并非库仑

在库仑定律被发表约100年后的1879年，专门研究尖端科学的卡文迪许研究所（1871年在英国剑桥大学创立的研究所，以英国物理学家亨利·卡文迪许的名字命名）的所长**麦克斯韦**（电磁波的预言者）在整理**亨利·卡文迪许**的遗稿时，发现了一个惊人的秘密。

卡文迪许曾做过许多精密的实验，也因为一些伟大发现（发现氢元素、确定万有引力常数等）获得了相关荣誉，但是由于其沉默寡言、不愿见人的性格，他还有很多成果并未公布于世，是个出了名的怪人。麦克斯韦在读他那些被埋没的手稿时，发现在其某篇文章中有如下记述。“同种电荷互相排斥，异种电荷互相吸引，它们之间的作用力的大小与它们所带电量的乘积成正比，与距离的平方成反比”。这正是库仑定律的内容。

库仑定律被发表的时间是1785年，而卡文迪许手稿的记录时间为1773年。也就是说，卡文迪许把这个世纪大发现塞进了抽屉里，并没有将它发表。发现这一点后，麦克斯韦立即著书《亨利·卡文迪许的电学研究》，为卡文迪许复权而积极奔走。后面要讲述的欧姆定律和测量带电量的电子仪器也被写入了这本书中。但是在19世纪末，库仑定律这一名称已经被确定并且被普及，想要将“库仑”定为电量的单位也是在那一段时期。因此，这一定律不可能再被更名为“卡文迪许定律”。在卡文迪许研究所，现在还活跃着众多追求世界顶尖科学的年轻研究者们，在这里曾出现过多位诺贝尔奖获得者。

实验8　利用吸引力将电子水母吸上来

材料准备

丙烯管、纸巾、打包带、CD盒

实验步骤

1 用丙烯管代替上次实验中的气球，用纸巾摩擦丙烯管。

2 按照上次的实验切割打包带，然后将打包带放在CD盒上摩擦。

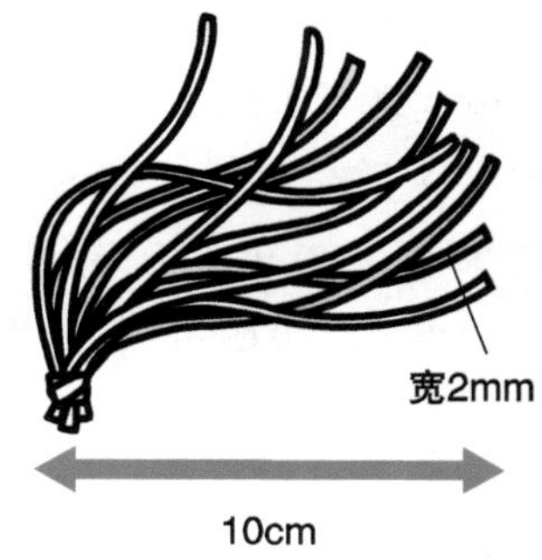

3 本次是异种电荷，所以发挥作用的是吸引力。做这个实验时，一不小心打包带就会黏附在丙烯管上，所以一旦打包带从下方靠近丙烯管时，就立即向后活动手腕让丙烯管向上移动远离打包带，这样才能够看到打包带轻飘飘地被丙烯管吊上来。
但是这是一个难度很高的实验，请一定要多次反复地练习。

动物电和金属电

我们现在利用的电并不像**静电**一样，存储的电荷并不会在一瞬间流失。与放电现象相比，我们会感觉到电在电线中缓慢流动。我们暂且将它叫做**动电**吧。18世纪围绕电展开的电流体争论正是静电时代向动电时代转变过程中所必需的争论。

事情起源于18世纪80年代后半期，位于意大利北部的博洛尼亚大学医学院的一个实验室有一台用于电击治疗的摩擦起电机，在摩擦起电机旁放着一只被解剖并且腿部被剥了皮的青蛙。医师伽伐尼的助手正要用手术刀切割青蛙腿时，发现青蛙腿部的肌肉开始痉挛。于是伽伐尼进一步进行实验，发现即使不用摩擦起电机，只把2种不同金属的头部磨尖，并用它们去触碰青蛙的肌肉，也能够让青蛙发生痉挛。

上述结果是因为对青蛙肌肉进行了电刺激才产生的，可电是从何而来呢？当时放电现象被比喻为某种物质的流动，人们一般从流动的角度来把握电现象，将它解释为**电流体**。伽伐尼派认为电流体的源头在于肌肉和动物本身，因此将它命名为**动物电**。

当然还有其他学派认为电流体的来源为金属和潮湿的物质，因此他们认为没有动物电，只有**金属电**。此派的代表人物是意大利帕维亚大学的自然哲学教授亚历山德罗·伏特。

实验9　确认是否存在动物电

材料准备

10日元硬币、铝箔、醋

实验步骤

1 用醋去掉10日元硬币上的污物，使硬币变得干净而闪亮。

2 剪出一条尺寸为2×5cm的铝箔条。

3 如图，将10日元硬币放在舌头下面，然后将铝箔条放在硬币下，将铝箔条的另一端折到舌头上。

4 体验到一种微弱的冲击感，这就是微弱的电击感。

实验要点

虽然使用10日元硬币和1日元硬币都能做相同的实验，但是1日元硬币太小，并且1日元硬币有污渍的话还会有其他味道，所以最好不要用1日元硬币。

另外在这个实验中，用舌头的肌肉代替了伽伐尼实验中的青蛙，还使用了铜（10日元硬币为铜质）和铝两种不同的金属。实验中确实会产生刺激，但是电真的来源于肌肉吗？本实验中电来源于舌头吗？

伏特电堆

也有人认为，肌肉会长时间持续痉挛，这证明电流体在长时间地流动，而放电现象都是在极短时间内发生，因此在肌肉中流动的电流体与储存在莱顿瓶中的电流体不同。他们认为：之前一直都是通过无机物之间的相互摩擦而产生电，并且会在短时间内放电。但是伽伐尼发现的电即使摩擦也不会产生，并且只在生命体中产生。因此它与摩擦电不一样，是慢慢地、微弱流动着的流体。即使在21世纪的今天，被问及电流体的来源时，我们肯定也不知如何来回答，更何况当时是18世纪末期。当时的争论中心意大利由于拿破仑的两次压制，迎来了动荡时代。

尚未离开杂耍领域的电，无论是动物电还是金属电，通过的电流体的量都是非常微弱的，当时人们还不知道在如此微量的电流状态下什么会发生变化。而且与其关心这些还不如关心拿破仑的事，于是，人们渐渐地疏远“通过青蛙腿中的电”这件事。

1799年，伏特发明了一个由**圆铜板**、**圆锌板**、**厚湿纸**这三种东西堆叠而成的**电堆**。该电堆是对两种金属夹着青蛙肌肉这一实验的发展。即使不从外部注入摩擦电，铜也会带上正电，锌会带上负电，就会有电流体持续流过。从动物电到金属电、为人类能够稳定利用电创造了契机、还可以被称为金字塔的装置——电堆诞生了。

实验10　制作电堆

材料准备

10日元硬币、1日元硬币、厨房用纸、盐、水

实验步骤

如右图所示，将10日元硬币、厨房用纸、1日元硬币一个一个堆叠起来。这样就能形成一个最上面的1日元硬币为负极、最下面的10日元硬币为正极的电池。像这样堆叠10个，有大约5V、0.2mA的微电流通过。虽然无法使小灯泡发光，不过能让LED灯发光，但是在购买LED灯时请注意规格。

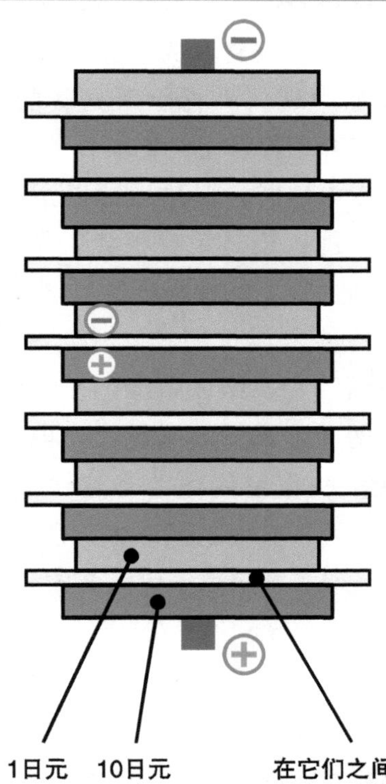

实验要点

如果厨房用纸沾得食盐水过多，食盐水就会从厨房用纸上滴下来，容易发生短路，从而影响实验的顺利进行。所以只要沾上少量的食盐水就可以了。

从电堆开始发展

伏特在发明了电堆之后，又将锌和铜插入装有食盐水和酸的杯子中，并将锌和铜连接起来，由此得到了很大的电动势。这就是初中理科教材上所记载的**水果电池**的原型。在**实验11**中，我将介绍柠檬电池的制作方法。

制作电池时，必须考虑以下问题。需要选两种不同的金属来制作电池，但是用哪种金属作为正极呢？采用哪种金属组合电力更强大呢？伏特积极挑战这些问题，发现了如下现象。

把各种金属按照锌、铅、锡、铁、铜、银的顺序排成一排，每两种金属组成电池，左边的金属带正电，右边的金属带负电。两种金属的间隔越大，电力就越强大。例如，将铁和铜浸入酸中制作出的电池与将锌和银浸入酸中制作出的电池相比，后者两种金属的间隔大，所以电力更强。

这是研究金属**离子化倾向**的开端。金属元素的活动顺序为钾（K）＞钙（Ca）＞钠（Na）＞镁（Mg）＞铝（Al）＞锌（Zn）＞铁（Fe）＞镍（Ni）＞锡（Sn）＞铅（Pb）＞氢（H）＞铜（Cu）＞汞（Hg）＞银（Ag）＞铂（Pt）＞金（Au），越是靠左边的金属，越容易释放出电子变成离子，即离子化倾向越强。

伏特一生非常尊敬两个人，一位是做过放电实验的本杰明·富兰克林，另一位就是法兰西第一帝国的皇帝**拿破仑**。1801年，伏特受到拿破仑的接见，向拿破仑展现了他的电堆成果。据说拿破仑还授予了伏特金奖和哲学教授的称号。

实验11　柠檬电池

材料准备

柠檬1个、小刀、铝箔、铜板（10日元硬币也可以）、导线、电子计算器

实验步骤

1 用刀将柠檬切成两半。然后像右图那样把铝箔和铜板插入柠檬中。

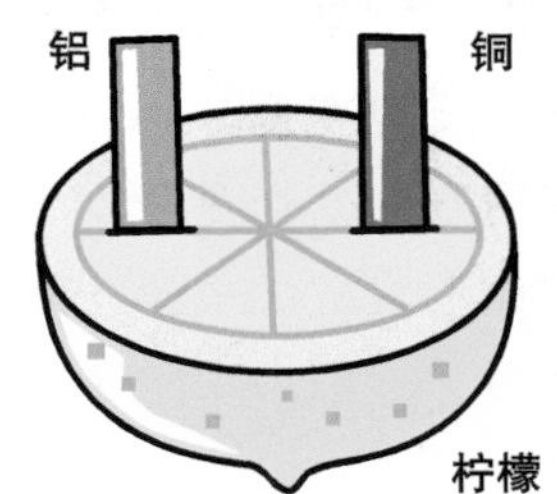

2 把①中做好的装置串联起来，卸掉电子计算器后面的电池，把铜板接到电子计算器的正极，铝箔接到电子计算器的负极。这样一个出色的电池就完成了，电子计算器又能正常使用了。

为什么？

柠檬中含有柠檬酸。苹果、橘子、葡萄之类的水果都含有这种被称为有机酸的酸，柠檬酸的作用与伏特电池中液体的作用相同。根据金属的离子化倾向，从氢元素的左右两边分别选一种金属，就能够做一个简单的电池。

氢元素左边的金属离子化倾向强，容易失去电子变成阳离子。右边的金属得到电子后会直接让电子通过，酸中的氢离子得到电子后发生反应变成氢气。这就是在电池中所发生的化学反应的大致流程。

我们通过改变电池中所使用的电解质溶液和金属的种类，可以制作出了许多新型电池。

热电和塞贝克效应

不过，伏特电池的电力作用极不稳定。刚开始它可以很好地供电，可是在铜板侧产生的氢气会使电池中的化学反应速度变慢、反应变弱，也就是发生所谓的**极化作用**，从而影响电池的使用寿命。但是我们并不会因此而抹杀掉伏特做出的巨大贡献。他不仅为我们指出了动物电的错误还想到了利用自然生成的金属来提取电力的方法，毫无疑问这都是伏特留给我们的宝贵财富。

由于这种缓慢产生电流的方法的出现，电池开始被用于医疗按摩和各种科学实验中，许多人都想利用这种电流探索更多的奥妙。1821年，德国物理学家**塞贝克**发现了一个奇妙的现象。他把两条不同材质的金属线首尾连接起来，构成一个电流回路，若给其中一条金属线加热而让另一条金属线保持低温，在这个回路中便会产生电流。只要持续加热，电流会一直非常稳定地产生。这确实是一个非常伟大的发现。塞贝克认为由此产生的电与伏特电池中产生的电不同，所以将这种电叫做**热电**，并且以自己的名字将这种现象命名为**塞贝克效应**。如果不是用两种金属线，而是把两种金属板组合在一起，通过加热其中一个金属板就能够获取更大、更稳定的热电。我们将这样的组合装置叫做**热电偶**。

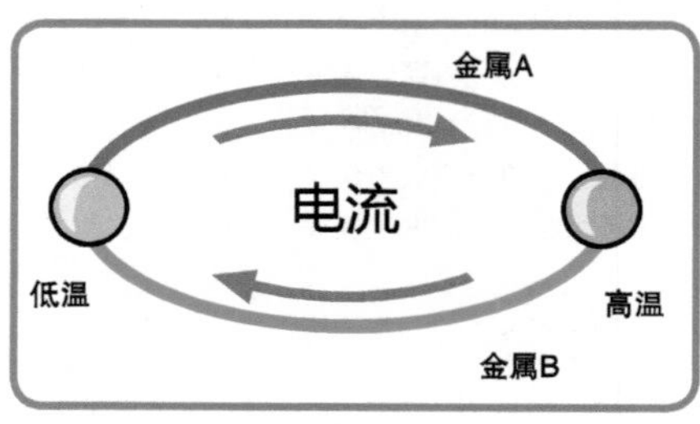

实验12 让两条金属线产生电

材料准备

铁丝、钨丝（在大型家居中心有售，请购买较细的钨丝）、打火机、检流计（电流十分微弱，只能用检流计来观测）

实验步骤

1 在检流计的一个端口接上铁丝，另一个端口接上钨丝。

2 把铁丝和钨丝打结连在一起，然后用打火机加热结点。

3 检流计的指针就会慢慢开始移动。

实验要点

店铺里面有各种金属丝。除了铁丝外还有铜丝、钢丝等，请试着用其他金属丝做实验。电流是否容易通过不仅与金属丝的材质有关，还与金属丝的粗细有关。

我们将温差产生的电现象叫做塞贝克效应。另外还有一个与之相反的现象，就是利用电流可以得到温差，即当有电流通过不同导体组成的回路时，除产生不可逆的焦耳热外，在导体的接头处随着电流方向的不同会分别出现吸热、放热现象。由于这一现象是法国科学家珀尔帖发现的，因此被命名为珀尔帖效应。可惜的是产生这种效应的装置——珀尔帖元件很难制作。若是温差为60℃左右的珀尔帖元件，可以通过网上购物花2000日元左右买到。

电 解

由于电池的发明、热电的发现，科学家们能够获取稳定的电流了，他们都纷纷利用这一新的工具不断地向各种未知领域挑战。最先开始利用电流进行化学研究的是电磁感应的发现者迈克尔·法拉第的老师，即英国皇家研究所的汉弗莱·戴维。

戴维的研究涉及各个方面，其中最受关注的是他在1807年利用**电解**手法发现了以钠、钾为代表的6种元素，而之前人们一直以为这些元素在自然界中会立即变为离子，不可能以单质形态将它们提取出来。

如**实验13**所示，用电池电解氯化钠水溶液（食盐水）也只能得到氢和氯，要想把变为离子后溶入水溶液中的钠作为单质提取出来是一件十分困难的事情。戴维创造了一种名叫**熔盐电解法**的方法，即将氯化钠加热使其变成液体从而直接将其电解从中离析出钠。现在我们还在采用熔盐电解法直接让铝矾土熔化并从中提取出金属铝的方法。因此铝罐又被称为**电罐头**。如果没有伏特电池，这些研究或许会被推后很多年吧。

戴维是一个非常聪明的化学家，虽然他在不经意间做了这个电解实验，但他意识到如果不了解与电池电极连接的金属丝的电性，即使能离析出电解物质的化学成分，也不能得出电解物质的数量，所以他还对金属丝的电性做了深入的研究。这一研究与之后的欧姆定律有关。

实验13　电解食盐水

材料准备

自动铅笔芯、9V方形电池、透明胶带、食盐水

实验步骤

1 把两根自动铅笔芯并排摆好，让它们之间相隔1.5cm左右，然后用透明胶带将它们固定在一起。

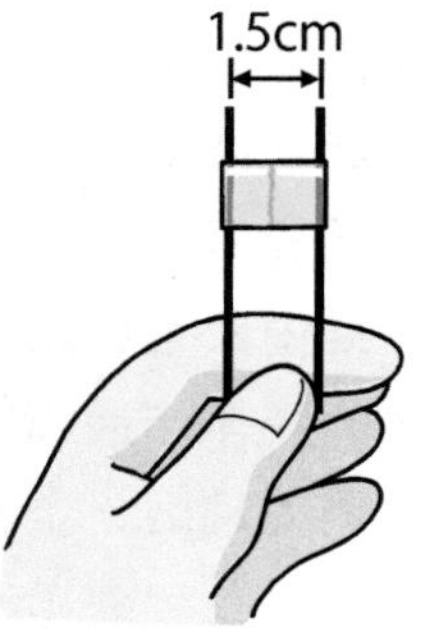

2 把自动铅笔芯的一头放入食盐水中，将另一头与电池连接起来。

3 在自动铅笔芯的周围会立刻产生气泡。从负极出来的是氢气，从正极出来的是氯气。

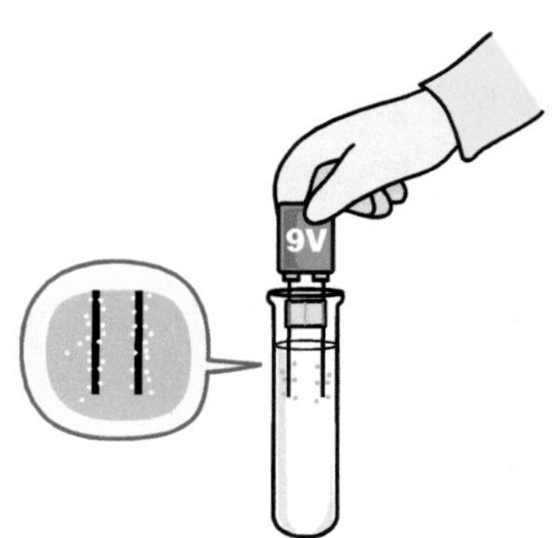

为什么?

食盐水中包含阳离子和阴离子，阳离子为钠离子和一部分水被电离后产生的氢离子，阴离子为氯离子和氢氧根离子。

如果电解食盐水，与电池负极相连的地方会有带负电的电子脱出。而阳离子获取这些电子是有顺序的，氢离子比钠离子要先获取电子，所以会产生氢气。

欧姆定律发现前夕

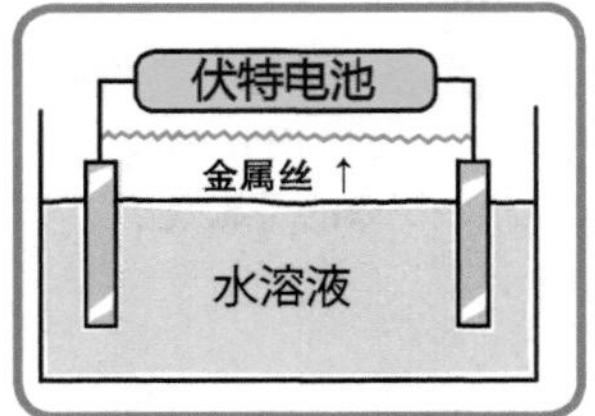

戴维的实验非常简单，就是把金属丝并联在伏特电池和电极之间。他发现如果调节金属丝的长度，电解产生的气体数量就会发生变化。

如果将金属丝变长，气体数量就会增加，如果将金属丝变短，气体数量就会减少，甚至不会发生电解。他认为这一现象的原因是金属丝变短后更容易导电，所以当电流到达电极之前便会流入金属丝中，也就是说金属丝变短后导电能力增强，于是他总结出这一规律，**金属的导电能力与金属的长度成反比，金属越长导电能力越弱，金属越短导电能力越强。**

他还注意到金属的截面积，认为**金属的导电能力与其截面积成正比**。他还在1821年通过数次实验发现**如果降低金属的温度其导电能力会增强**。降低金属温度后到底会产生什么现象呢？我们将在**实验14**中向大家展示。

但是戴维的研究只进展到这个地步。1826年他身患疾病后从英国皇家研究所辞职，1829年在瑞士的日内瓦去世。其实他提出的金属导电能力（容易让电流通过）与之后德国物理学家欧姆所提出的电阻（难以让电流通过）从含义上来讲是互为倒数关系的。如果戴维再稍加努力，**欧姆定律**说不定就会变为“戴维定律”。

实验14　降低温度电阻会如何变化？

材料准备

20m的漆包线2根、小灯泡2个、干电池、
干冰（如果没有干冰可以使用冰和食盐制作冷却剂）、杯子

实验步骤

1 把两个灯泡和漆包线与电池并联起来。请确认灯泡只能发出微弱的光。

2 把干冰放入杯子，再把一根漆包线收拢扎捆后埋入干冰中。在操作时请小心，以免被干冰烧伤。

3 结果会如何呢？放入干冰中的电路的灯泡会逐渐变亮。这是因为漆包线的电阻变小了。

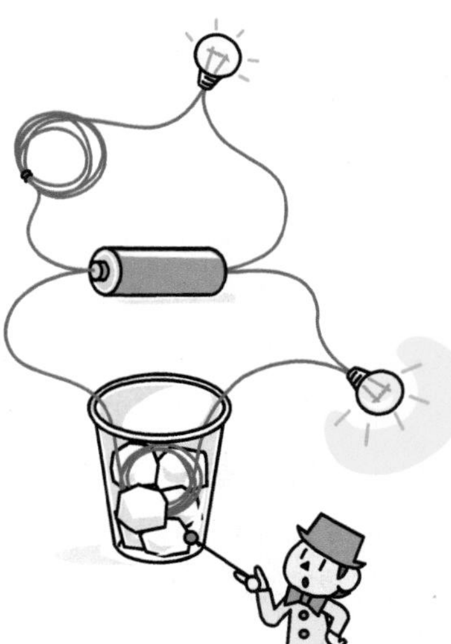

实验要点

不用20m左右长的漆包线，就不会形成如此鲜明的对比效果。大家可以试着用10m的漆包线来做实验。

金属由金属阳离子堆积而成的，它们会根据温度的变化做无规则的热运动。当温度降低时，热振动幅度变小，自由电子容易通过，所以电阻会变小。

欧姆定律

德国物理学家**格奥尔格·欧姆**发现了电阻中电流与电压的正比关系（**电压=电阻×电流**），即我们通常所称的**欧姆定律**。现在，初中都会学习该定律，该定律为电学入门定律，它将电流（安培，A）和电压（伏特，V）的概念分割了开来。在物理教科书上，一般都会介绍这样一个实验，用电流计、电压计、电热线探索电阻、电流、电压三者之间的关系，并将它们的关系写入图表中。不过，欧姆在发现欧姆定律时，还没有电压计这一关键仪器。

当时，测量电流的方法是依靠方位磁针偏转现象来完成的，电线中的电流量越多，放置在电线旁边的方位磁针偏转度越大。由于伏特电池容易极化，得到的电流不太稳定，所以在实验中欧姆使用了塞贝克发明的**热电**作为电源。但是，这也只不过比伏特电池略胜一筹而已。

欧姆努力克服重重障碍、排除种种不稳定因素，进行了一次又一次精密的实验，才最终弄明白了电的组成要素。由电池性能决定的**电压**、导电的金属等物体固有的**电阻**、在导体中实际流过的电量**电流**，当时这三个概念混为一谈，很难有人解释清楚“什么是电”。欧姆为了搞明白这个问题，以坚定的信念反复地进行实验，终于发现了欧姆定律。1827年他在《伽伐尼电路：数学研究》（当时伏特电池和伽伐尼电池都是指同一种电池）里，他详细地论述了电路两端的电压与流动于电路的电流之间的关系。

当时被尊为德国智慧领袖人物的柏林大学哲学部教授黑格

实验15　钢丝棉和干电池

材料准备

钢丝棉（尽可能选择比较细的铁丝）、干电池2个、盘子、导线

实验步骤

1 把钢丝棉放在盘子上，然后在钢丝棉的两端接上导线。

2 把两个5号干电池串联在一起，钢丝棉就会立刻燃烧起来。钢丝棉开始燃烧时，即使让导线和钢丝棉分开，燃起的火焰也会扩散开来。

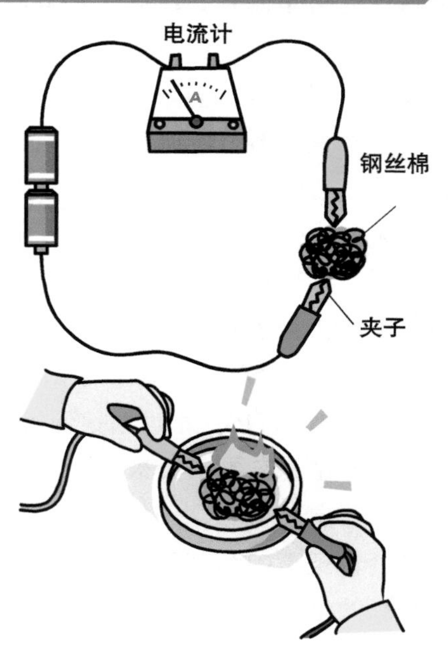

为什么？

电池的电动势=电压值，约为3V。请不要小看这3V。因为即使静电在10000V以上，但是如果流过的电流（安培）量非常小，两个夹子触碰时也只能听到噼啪噼啪声。即使电压只有3V，如果电流容易通过，也能形成2~4A的电流。我们知道20A的电流从人体中通过时，人就有可能因遭电击而死亡，所以2~4A是一个不小的电流量。

为什么电流容易从钢丝棉中通过呢？为什么钢丝棉的电阻小呢？这是因为钢丝棉是由很多铁丝分支构成的，乍一看它的截面积好像很小，但是如果把一整束钢丝当成一个整体，它的截面积就会很大，所以电阻小，电流容易通过。

尔（他是德国唯心主义哲学的代表人物，提出了逻辑课上会出现的辩证法）批判了欧姆定律。

放在现在我们肯定会心存疑问，为什么哲学家还能反驳自然科学呢？当时，物理学被定位为哲学的一个领域，并不是完全独立的科学体系。黑格尔从哲学的角度反驳欧姆，对他的定律提出质疑：在没有任何逻辑演绎的情况下，从各种实验中收集来的数据推论出的结论真的是科学真理吗？如果能冷静地分析一下数据资料，欧姆所写的论文的价值就会一目了然。但是卷入这场哲学纷争后，欧姆的论文在很长时间内一直悬浮在空中，而未被公认为定律。

不过，当时确实在向着电气时代变迁。在与德国隔海相望的英国，正处于利用电流进行**电信技术**开发的活跃期。科学家们发现即使是架一条长长的电线，电流也很难通过，为了从微小的电流中获取高的灵敏度，他们反复地进行了各种各样的实验。

科学家们在寻求突破这一技术难题的出口之时，导线所固有的值“电阻值”这一概念逐渐被他们所认可。随着电信网的发展，像把英国和其他各国连接起来的“海底电信电缆”一样的长长的铜线开始被设置，欧姆定律的作用逐渐发挥出来了。欧姆于1841年被伦敦皇家协会授予了可与诺贝尔奖相提并论的**柯普利奖章**。

1852年，欧姆终于如愿以偿地被任命为德国慕尼黑大学的教授。之后过了两年，这位伟大的科学家与世长辞。欧姆定律被发表后的25年间曾一度被众人质疑，但经历了坎坷的命运后，它终于应时代的需求得到了科学家们的认可，从而恢复了它应有的地位。现在欧姆定律成为了全世界理科教科书必载入的最著名的科学定律，被许多人牢记在脑海里。

在1881年的国际电气标准会议上，电压的单位因为亚历山德罗·伏特在电池方面的伟大贡献而被定为“伏特V”，电量的单位被定为“库仑（C）”，电阻的单位被定为“欧姆（Ω）”。由此，欧姆的名字被永远刻在了人们的心中。

电压的思考方法相当难。其实，欧姆在1827年发表的论著中根本就没有“电压”这个词，而是记载着“由温差产生的热电流造成的方位磁针的偏转度与电流流过的金属的长度的乘积恒定”这一内容。方位磁针的偏转度即磁场作用的强度与金属导体中流过的电流量成正比。金属的长度与其电阻值成正比。因此，欧姆定律也可以被改写为“当一定的温度差形成热电流时，电流与电阻成反比”。

欧姆在他的论文中一直都在研究如何表示电流的磁场作用和电阻（也就是所谓的电流不易通过）的乘积（让我们暂且称这个乘积为V吧）。而在此之前，法国数学家、物理学家傅里叶发表的热传导定律成为了欧姆当时的参考模型。这一定律的内容是“金属中流过的热量与金属两端的温差成正比”，用数学公式来表示的话就是两端的温度=比例常数×热量。比例常数k是金属固有的值。如果把热流与电流、固有值k与电阻值分别对应的话，就有V=电阻值×电流量。的确，适用于这种温差的东西在电的世界里也存在。

这就是现在所说的电势差（电压）。不过，欧姆当时并没有给这个V命名。如果当时他给这个V命名的话，说不定电压的单位会成为欧姆。

直流和交流

电池产生的电流被称为**直流**。因为该电流在电池电量耗尽、电动势变为零之前一直都向着一个方向流动。直流的英语为“Direct Current”（简称DC），直译为“笔直的电流”。

还包括另一种电流**交流**。家庭用电都是交流电。交流发电机的原理很简单，只是将线圈和旋转磁铁组合了一下，当磁铁旋转时，线圈切割磁力线产生交流电流。但是，磁铁不做靠近或远离线圈的运动（磁场不发生变化），就不能够得到电流。另外，在这种变化磁场中产生的电流每隔一段时间电流方向就会发生变化。英语中称这种电流为“Alternating Current”（简称AC），直译为“交替的电流”。

当电在人类社会中逐渐开始普及时，电灯泡也终于问世。人们经常误以为最先发明电灯泡的人是**爱迪生**，其实不然。1879年2月，英国物理学家、化学家**斯旺**最先发明了白炽灯泡。但是他发明的白炽灯泡的灯丝非常脆弱，会很快被蒸发掉，所以电灯泡的使用寿命非常短。

同年10月，爱迪生用木棉线炭化了的碳纤维作灯丝，制作出使用寿命为45小时的电灯泡。但是，这一使用寿命还是太短。于是，他又尝试了很多种材料。一次偶然的机会，他利用扇子的竹骨进行了实验，确认利用竹子作为灯丝，灯泡的使用寿命可以达到200小时。

之后，爱迪生花了10万美元的赏金往世界各国派遣“竹子猎人”去寻找竹子。为了找到适合电灯泡的竹子，这些人跑遍了世界各国，其中有一个人来到了日本。

这个人接受了当时的内阁总理大臣——伊藤博文的建议，采用了京都八幡男山附近的竹子。该竹子在爱迪生主办的“世界竹子选手赛”中获得了冠军——使用寿命长达2450分钟。于是，八幡的竹子作为灯丝照亮了全世界，一直持续到1894年。

这一时期正是日本东芝计划制作出电灯泡、希望崭露头角的时期。当东芝正在四处寻找哪里有好竹子之时，听说爱迪生使用了京都的竹子，东芝的领导人觉得非常遗憾。

实验16　让自动铅笔芯发光

材料准备

自动铅笔芯、曲别针、筷子、
5号碱性电池8节（也可以使用由8节电池组成的电池盒）

实验步骤

1. 让筷子穿过曲别针，再将自动铅笔芯放在曲别针上。
2. 将8节电池串联起来，并用导线将它们与曲别针连接起来。两三分钟后，铅笔芯就会发出耀眼的光芒。

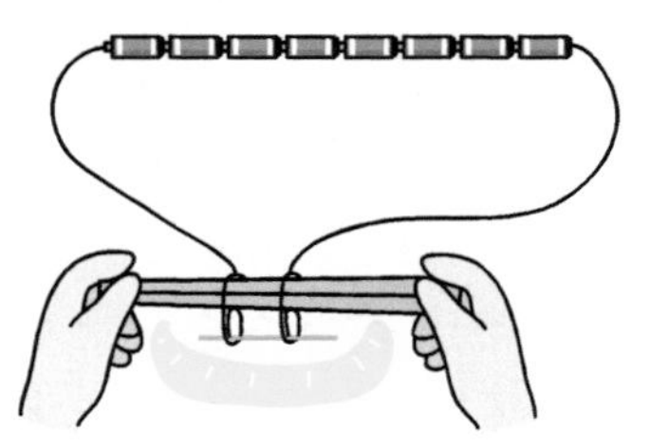

为什么？

自动铅笔芯是由一种碳元素物质黑铅构成的，具有导电的性质。

直流输电的缺点和交流输电的优点

最初爱迪生用**直流方式让电灯泡发光**。他想到现在人们都是利用会产生烟的瓦斯灯在夜间照明，不久之后电灯的时代将会到来，所以必须要尽早开发出输电系统，争取先行获得专利。爱迪生作为发明大王一生发明出了各种各样的东西，其专利数也非常之多。

他认为发电厂的地点可以选在纽约金融区的珍珠街，那里餐馆和办公室集中，如果使用会发出灿烂光芒的电灯，应该会引起资本家的关注。要让约1万个电灯泡发光，所需要的蒸汽机车和发电机的功率大约为1200马。虽然爱迪生不擅长物理和数学，但是他肯下功夫、勤于动脑，并且在经济学方面出类拔萃。于是他成立了"爱迪生电气照明公司"，该公司于1882年正式开始商业运营。虽然爱迪生没有发明电灯泡，但是他在**电力输送系统**开发上获得了很高的评价。由爱迪生电气照明公司建立的珍珠街发电站在高峰时期曾为1万多个电灯泡输送过电。

但是，这种直流输电系统有一个弱点，即电线中流过的电流量越多，发热所造成的能量损耗就越大。并且**发热与电压成正比，与电流的平方成正比**。要让各地许多100V的电灯泡发光，就必须在电压为100V的状态下远距离输送大电流，这样就会损耗很大一部分功率。这一点就连爱迪生也束手无策。

电能可以用电压与电流的乘积来表示。我们知道获取相同的电能，大电压×小电流与小电压×大电流的组合效果是一样的，所以对于输电而言，采取小电压×大电流的组合方式比大电压×小电流的方式要合理，而只要在家附近将电能转换成小电压×大电流的组合方式就可以了。

但在直流输电中不能实现这种转换，但是若是交流输电，只要根据互感现象改变一下线圈的圈数，就能够简单地实现。首先关注到这一点的是**美国西屋电气公司**。该公司为了对抗爱迪生电气照明公司，开始着手开发交流输电系统。

实验17　实际体验互感现象

材料准备

加感线圈、耳机插头、漆包线、纸杯

实验步骤

1. 检查一下加感线圈的两头，然后将耳机插头连接到加感线圈头部接线处，再把耳机插头插入收录机的耳机孔中。

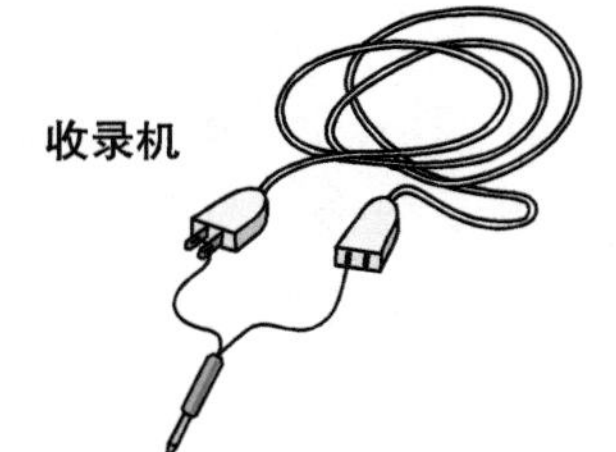

2. 把漆包线缠绕在纸杯上，制作出一个线圈，然后将这个线圈与耳机连接起来。虽然耳机插头部分和耳机部分是分离的，但是用收录机播放音乐，就会从线圈上的耳机中听到。

实验要点

通过改变线圈的圈数就可以让音乐收听方式发生变化。这是因为一根线圈所产生的磁场变化会对处于磁场范围内的另一根线圈产生电磁感应作用。

爱迪生VS. 尼古拉·特斯拉

出生于旧匈牙利（现今的克罗地亚）的**尼古拉·特斯拉**于1884年渡海来到美国，在他所崇拜的爱迪生电气照明公司就职。他是一位天才数学家和物理学家，他在数学和物理方面的知识出类拔萃，可以说当时无人能及。由于考虑到输电的合理性，特斯拉进入公司不久就建议公司向交流输电事业发展，但是这违背了爱迪生的信念，与爱迪生所推行的直流输电方针正好对立。他与爱迪生发生了争执，仅在爱迪生的公司待了一年就离开了，然后独自创立了自己的公司。他很快就获得了交流输电系统方面的专利，仅凭自己一人与当时实力强大的爱迪生集团抗衡。

为了获得支持，1888年特斯拉在美国电气工程师协会上发表了一篇关于交流输电系统的报告。这篇报告引起了亿万富翁乔治·威斯汀豪斯（西屋电气公司创始人）的关注，威斯汀豪斯也深信“交流发电将会改变今后的世界”，而特斯拉也燃起了要与爱迪生抗衡到底的信心，于是他们达成一致，在威斯汀豪斯的支持下，特斯拉一举将交流输电系统推广到整个美国。最初威斯汀豪斯要求特斯拉设计每秒振动133次的交流发电系统，他认为即使从眼睛的眩晕感来考虑这个设计也是合理的。但是特斯拉认为如果将振动次数提高到如此高的程度反而会影响发电机的效率，所以他建议设计成每秒60次的振动次数就可以了。这就是现在西日本交流60Hz（赫兹）的起源。

在人口密度高的都市，因为发电厂距离较近，所以直流和交流没有太大差别。但是越往偏远的地方，输电线路越长，发热损耗就越大，这样交流输电的优势就体现出来了。直流和交流之争不仅是简单的科学方面的问题，还牵涉到政治、经济、法律等方面，是人类首次经历的“超出科学领域的科学问题”。

爱迪生对交流电非常憎恨，为了打击对手他想尽办法找交流电的麻烦。当时纽约正好在摸索一种有别于斩首的死刑方法，于是电椅被发明出来。电椅的发明者夏努·布朗是爱迪生电气照明公司的职员，但他却按照西屋电气公司的规定制作出了交流电电椅。其实这是爱迪生的一个诡计，目的就是想让人们觉得与直流电相比交流电具有致命性。

爱迪生电气照明公司在布朗的策划下故意将交流电引入监狱刑罚中，并且还印发小册子到处宣传“当心了！你们家正在使用处刑用的电流”，并在宣传册中列举了交流电的种种危险，企图给公众留下“交流电＝死”的印象。更为恶劣的是，爱迪生利用交流电公开实验，残忍地将猫、狗、大象等动物置于交流电下电死，还发言指出西屋“westinghouse”这个词就是包含执行人类死刑意思的动词。

但是，最终西屋电气公司还是取得了胜利，赢得了1893年在芝加哥召开的万国博览会的会场照明头标。这个博览会虽然采用了特斯拉的研发系统，但是为了证明既存的电力设备尚能被使用，西屋电气公司进行了交直流转换的公开表演。先利用交流发电，并让电动机运转将会场的电灯点亮，然后通过一个已获得专利的变换装置将交流电变换为直流电从而让直流电动机运转。由于在这次博览会上的成功展示，西屋电气公司再次中标，赢得了**尼亚加拉瀑布**发电、输电系统项目的建设权，在尼亚加拉瀑布上安装了第一台水轮发电机，由此巨大的电能被输送到整个美国。据说现在那台交流发电机上还刻着尼古拉·特斯拉的名字。

电学的研究 结语

据说尼古拉·特斯拉还发明了地震发生器等装置，甚至被公认为是“疯狂科学家”。最终他在纽约曼哈顿的一个宾馆神秘逝世，结束了他伟大的一生。托马斯·爱迪生的成功在一些传记中被认为是他自己勤奋努力的结晶。在两人的专利之争中，还发生了很多用尽下流手段的龌龊事件。这两个人都偏执于自己的信念而针锋相对，直至去世。据说1915年，由于特斯拉和爱迪生在电力方面的贡献，两人被同时授予诺贝尔物理学奖，但是两人都拒绝领奖，理由是无法忍受和对方一起分享这一荣誉。

现在几乎每家每户都能用上电了，之前那个一到晚上就只能睡觉的时代已经离我们远去。当时，把静电当做余兴节目来享乐的人们或许根本就没有想到电会给人类社会带来如此大的恩惠。

在本章内容的最后，让我们再次回顾探索电磁感应现象的英国物理学家迈克尔·法拉第的一句名言。

当时有位政治家问法拉第：“利用磁铁只能产生那么点儿电，根本起不到任何作用吧？”而法拉第回答：“再过20年，你们可能会为用电而纳税”。

第 5 章

流体的研究

展翅飞翔的海鸥

层流和紊流

静止流体

表面张力

伯努利定律

升力的产生

大家小时候都玩过纸飞机吧？我们一定和小伙伴们比过赛，看看如何能够让纸飞机飞得更远。这一现象就涉及流体力学。实际上在流体力学领域，包含伯努利定律在内的各种定律都非常简单易懂，在厨房我们就能够进行简单的实验。流体力学领域其实是一个与我们的现实生活非常接近的领域。

何谓流体力学？

在此即将进入本书最后一章的内容。本章将要介绍的“流体”虽然很少出现在小学、初中、高中的理科教材中，但是却与我们的日常生活密切相关。下面让我们来共同学习一下吧！

物理学如何解释流体呢？镰仓时代初期的诗人、散文家鸭长明曾在《方丈记》中写道：“江河流水，潺湲不绝，后浪已不复为前浪……”提起流体，我想很多人都会想到像流水一样的液体，但是在物理学上对流体的定义是：流体是指根据其所受作用力的大小可以连续变形的物体的总称，也就是相当于**气体和液体**的总称。因此流体力学上的各种方程式和定律会以水流（江河、大海、沼泽等）、气流（风、气象等）等为对象，涉及的范围很广，除了涉及到建筑、航空力学、宇宙工学、海洋物理、造船业外，还会触及其他领域，是一门囊括所有领域的关键学科。

尽管流体力学所涉猎的对象就在我们日常生活之中，但是现行的学习指导大纲却很少提及流体力学的学习内容。即便是有，也仅仅提及到静止流体，运动流体的内容要到理工系大学工学部、理学部的专业课程中才会出现。确实，我们看到能量守恒定律、黏性、不可压缩性这些基本用语时，会觉得似乎很难，不过请不要忘记现在我们经常提起的风能、波能等**清洁能源**都是从流体的运动中获得能量的。我平时总是在想，要是把流体力学的精华纳入小学、初中理科教科书中就好了。

实验1　观察食盐水的流动

材料准备

水、食盐、铅笔、纸杯、水槽

实验步骤

1 用一个纸杯装上水，把食盐溶入水中，用铅笔在另一个纸杯的底部钻个孔。

2 用手指堵住孔，把食盐水倒入这个纸杯中，然后将钻孔纸杯放入一个装有水的大水槽中，松开手指。

3 这样我们就能观察到漂亮的食盐水水流。

4 我们本以为食盐水水流会一直笔直地流下去，可是没想到它流着流着突然变得紊乱。

实验要点

纸杯底部孔的直径为5mm左右正好。如果太小就没法看清楚。

层流和紊流的区别

现在吸烟者减少了，利用线香做一下实验也可以。原以为烟雾会从火源中笔直地升起，没想到烟雾在中途突然变得紊乱。上页的实验也是如此。另外，即便让自来水管中的水笔直地流出，水流也会突然变得紊乱。从外面看，流体在做平滑的直线运动，我们将这种流体叫做**层流**。与之相对，当流体的流线变得紊乱不清时，流体开始做不规则运动，我们将这种流体称为**紊流**（又称乱流）。通过肉眼观察，我们很难分辨层流和紊流的分界线。英国物理学家奥斯鲍恩·雷诺也很想找出确定它们分界线的条件。

雷诺将染料倒入管道中，试着通过不断地改变流速，研究流体在管道中流动时从层流转换到紊流的过程，并试图以一个独特的数值来表示层流与紊流之间的分界线。这个数值就是雷诺从实验中得出的**雷诺数**。在流体力学中，雷诺数是流体惯性力与黏性力比值的度量，它是一个无量纲量，表示流体所具有的黏性力（黏度）与惯性力（使流体维持流动的力）在流场中处于怎样的平衡状态。

当雷诺数较小时，黏性力对流场的影响大于惯性力，流场中流速的扰动会因黏性力而衰减，流体流动稳定，为层流；反之，雷诺数较大时，惯性力对流场的影响大于黏性力，流体流动较不稳定，流速的微小变化容易发展、增强，形成紊乱、不规则的紊流流场。据说雷诺通过测定发现，当雷诺数超过2300时，管道中的流体容易变为紊流。

我在学生时代曾做过测定雷诺数的实验，为了得到稳定的层流，只好在深夜在学校留宿。

实验2 糖果会从哪个部位开始溶化？

材料准备

直径为3cm左右的糖果、细铁丝、水、杯子

实验步骤

1 用铁丝将糖果拴住，将糖果放入水中。

2 糖果开始溶化，就能够观察到糖果水向下流动的状态。我们将这样的现象叫做“分层现象”。

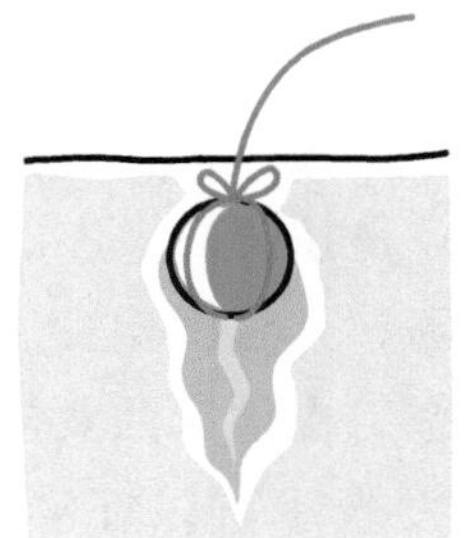

3 那么，糖果到底会从哪个部位开始溶化呢？

从上面

从下面

从四周

为什么？

水分子围绕在糖果分子周围（水合作用），会从糖果侧面滑落下来。因此正确答案为“从糖果下面部位开始呈V字形溶化”。我们能清楚地看见层流和紊流，如果观察整个杯子，还能够确认对流现象。若用手电筒光照在糖果上，让它在墙壁上投影，会形成很漂亮的纹影。

层流中还有旋涡?

关于层流和紊流的区别，我们看一眼就能够明白，它们由流体的流场是否紊乱来确定。但是从微观来看，即便是层流多少也会有紊乱的流场。有时我们可能会将某种层流误认为紊流，其中一个典型的例子就是**卡门涡街（又称卡门旋涡）**。

如P170所示，如果在层流流体中竖起一根木棒，木棒后侧会形成“排列规则的旋涡列”，这就是卡门涡街现象。该旋涡列的特点是按照右、左、右、左这一方式**交替产生旋涡**，并且排列规则、具有**周期性**。给该旋涡列命名的人是匈牙利物理学家、航空工程学家西奥多·冯·卡门，他于1911年也就是在他30岁时发表了可以证实该旋涡列能够维持稳定排列的计算方法。不过据说他在22岁时在意大利亚博洛尼亚博物馆看画时，发现一幅画中的男性脚下描绘着旋涡流体，但他30岁时才突然想起了这件事情。

当卡门涡街产生的时间间隔与吊桥所具有的固有周期一致并发生共振时，吊桥会激烈地摇晃，甚至会脆弱地崩塌。1940年11月7日，美国华盛顿州发生的**塔科马吊桥**垮塌事件就能够用卡门涡街现象来解释。网上也以视频形式公开了这起吊桥垮塌事件的过程。

实验3　制作共振摆子

材料准备

风筝线、50cm左右的木棒、黏土

实验步骤

1 如图所示，将3条不同长度的风筝线系在木棒上。

2 在这3条风筝线的中间黏上黏土团。共振摆子就做好了。

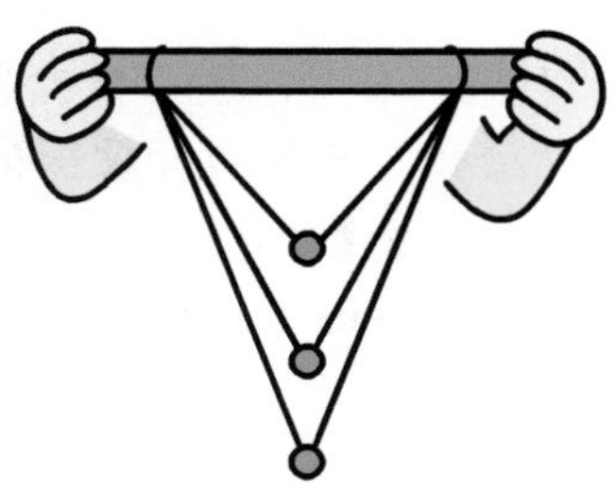

3 让他人随便指一个摆子。

4 如果按照指定摆子的周期活动身体，就只有那个摆子会摆动。

实验要点

如果物体的固有周期与外部振动周期一致，也就是说当外部振动频率达到物体的固有频率时，物体就会开始爆发性摇晃。这种现象就是“共振”。声音上产生的共振现象叫做“共鸣”。在上述实验中，只要稍微晃动身体就可以了。

紊流研究与前沿科学有关

当强风刮过时，电线会发出嗖嗖的声音，这也是卡门涡街在捣鬼。如果每秒产生500个旋涡，就正好能听到振动频率为500Hz的声音。自然界的云彩形成过程中，也能看到这种卡门涡街现象。当季风吹来岛上时，岛背后的天空会产生漂亮的卡门涡街云彩。像这样的云彩照片在网上有很多，请大家一定要去看看，或许大家能够从中体会到大自然的造型之美。假设两旋涡列的间距为h，同列中两相邻旋涡的间距为a，当$h=0.281\times a$时，卡门涡街最稳定。

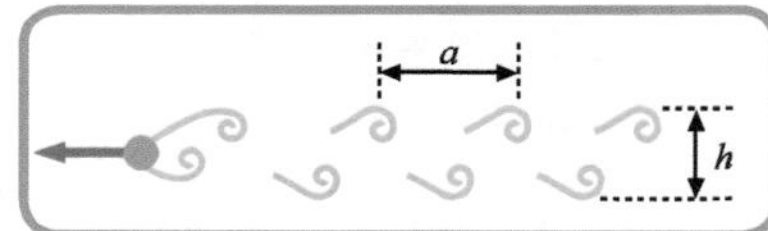

历史上有段时间，科学家不知如何着手研究紊流，因为它毫无规则、过度紊乱，所以有一段时期将它定位为“非科学范畴的研究对象”。但是现在已经不同于往昔。随着计算机的高速发展，之前需要耗费很多时间去求解的黏性流体运动方程式（**非线性二阶偏微分方程式**），如今短时间内就能够正确地将它计算出来。当从上方把牛奶倒入正用勺子搅拌着的咖啡中时，牛奶会有一个流动线路，现在已经能够近似地计算出这个流动线路了。

虽然紊流的特点是从外表看起来杂乱无章，但是从中也能窥伺到从微观到宏观不断反复的模型，这就是**复杂性科学**，它也被称为“21世纪科学的王牌”。在我所居住的北海道函馆市有一所拥有复杂性科学专业的大学，它的名字叫做公立函馆未来大学，这个地方专门研究各种前沿科学。

实验4 一起来观察振动现象吧

材料准备

纸杯2个、食盐、水槽、竹签2根

实验步骤

1

用竹签将两个纸杯穿在一起，在两个纸杯底部分别扎一个直径约为5mm左右的小孔，然后用手指按住小孔，往两个杯子中倒入相同浓度的食盐水。

2 将杯子轻轻放入水槽中，使杯中水面高度与水槽水面高度正好持平，然后放开手指。

3

大约以30秒为一个周期，两个杯中的食盐水会交替地往下流。

实验要点

把盐水倒入底部扎有小孔的杯子中，然后把杯子放入装有淡水的水槽中，要让杯中水面的高度与水槽水面的高度相同。以杯子底部的孔为界线，处于界线上面的食盐水密度大，下面的淡水密度小，这样食盐水会从杯中流出来。由于黏性，食盐水会不断地流出来，所以杯中的水位会下降。过一段时间，杯子外部的水压会大于内部的水压，这次水槽中的淡水会流入杯子中。而在杯子中，因为食盐水密度大、较重，所以食盐水会移动到杯子底部，这样食盐水会再次从杯子底部的孔中流出来。这个实验会不断地重复此过程。当食盐水为1杯时，我们可以这样理解。但是当食盐水为2杯时，要用非常复杂的方程式（非线性二阶偏微分方程式）计算，所以要解释清楚并不是很简单。

水压会作用于各个方向——帕斯卡定律

有一种玩具叫水枪。当我们从右边按压一下筒状水枪，水就会迅速地向左边喷出去。准备一个透明的注射器，事先让一个气泡进入注射器内。同样从右边按压注射器，里面的气泡会变成什么形状呢？

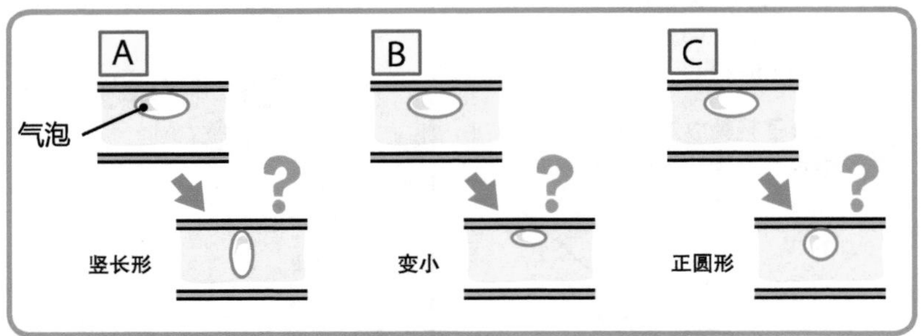

A. 因为从侧面按压，所以气泡会变成竖长形

B. 变小

C. 会变小，但是会变成正圆形

答案是C。大家是不是觉得不可思议呢？

施加在密闭容器中流体（气体和液体）任一部分的压强会按照原来的大小由流体向各个方向传递。这就是法国科学家帕斯卡通过反复研究发现的规律，我们将它叫做**帕斯卡定律**。如右图所示，若用注射器往钻了孔的球内注入水，就会发现水会均匀地向各个方向飞溅出去。

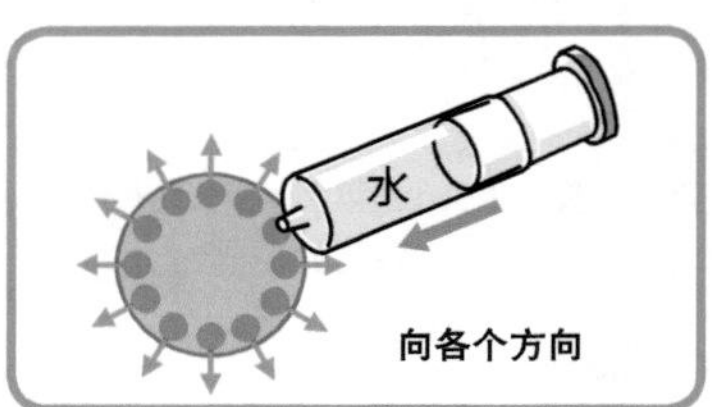

实验5　通过吹气将人顶起

材料准备

大垃圾袋、木板、电话簿等厚书本、小孩子

实验步骤

1 把书横放在垃圾袋上，将木板放在上面，让小孩子坐在木板上。

书本

木板

垃圾袋

2 往垃圾袋中吹气。注意不要让气漏掉。

趴着吹

3 随着垃圾袋不断膨胀，木板不断被抬高，最终小孩子也会被顶起来。

实验要点

压强是分布在特定作用面上的力与该面积的比值，即压力÷受力面积，换句话说，压强是指垂直作用在物体单位面积上的作用力的大小。因为帕斯卡定律指出“密闭容器中的气体对各个方向的压强大小相同”，所以垃圾袋面积越大，对小孩子产生的作用力就越大。

做实验时，让小孩子站着会很危险，所以一定要让他坐着进行。不用格外用力吹气，木板也会被抬起来。

为什么会产生浮力?

浮力是指浸在液体（或气体）里的物体受到液体（或气体）向上托的力。为什么会产生这种力呢？让我们根据帕斯卡定律探索其中的原因。

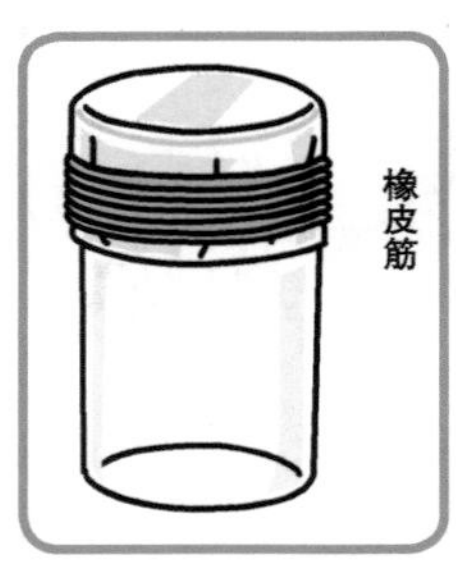

准备右图所示的工具。最好使用透明的丙烯盒和橡胶膜，也可以用胶卷盒和厨房用的保鲜膜。将橡胶膜盖在丙烯盒上，用橡皮筋将橡胶膜固定好后，再用线一圈一圈地缠在上面加固。把这个工具浸入浴缸的水中。如果让橡胶膜部位朝上，理所当然橡胶膜会凹进去。我们可以理解为水的重量施加在橡胶膜上，所以它会凹进去。那么，在同样的水深处，将这个工具倒过来看看，结果会如何呢？或许有人会认为：因为胶卷盒底部能够承受住上面的水的重量，所以橡胶膜不会凹进去。可是实际上橡胶膜会凹得更加厉害。因为会有向上的力垂直作用于物体底面。请回忆一下帕斯卡定律的内容。在液体中，压强会垂直作用于物体各个面，在同样的深度，物体受到的压强相等。也就是说，这个工具的底部位于液体更深处，所以底部受

到的压强比上面受到的压强要大。

浸没在液体中的物体，越往深处，受到的压强越大。浸在液体或气体里的物体受到液体或气体对物体向上的和向下的压力差就是浮力产生的原理。

实验6　浮力产生的原理（微观）

材料准备

大的玻璃容器、乒乓球、用黏土制作的黏土球、
沙子或者玻璃珠、电子按摩器

实验步骤

1 把沙子放入容器中，将乒乓球埋入沙子中。

2 如果将电子按摩器贴靠在容器上，乒乓球就会浮起来。

3 将黏土球埋入沙子中，再将电子按摩器贴靠在容器上试试，发现黏土球反而会沉下去。

为什么？

让我们将沙子的振动看成是液体分子在运动。由于乒乓球四周会受到沙子不规则的撞击，所以会浮起来。发生大地震时，会产生液化现象，下水道会隆起，水会溢出来，这与该实验是一个道理。这就是从原子层面对浮力产生原因的微观解释，而上页中的压力差是对浮力产生原因的宏观解释。

容易弄错的阿基米德定律

阿基米德是公元前287年在西西里岛出生的古希腊数学家、工程师。他是第一个开始研究圆周率计算的人，并且发现了著名的杠杆原理，另外他在静力学领域的研究成果对伽利略产生了重大的影响。他一生埋头研究，发明了各种机械（投石机、螺旋形汲水机等），留下了诸多辉煌的业绩。关于他的死还有这样一则故事。据说在第二次布匿战争时期，他应征入伍，在对阵杀敌时竟然还在地面进行几何计算，敌方的一名罗马士兵踩到了他在地面描画的计算步骤，于是他大叫“不要破坏我的圆”，从而惨遭杀害。那么他是怎么发现浮力定律的呢？关于这个定律的发现过程，流传着这样一个故事。

传说叙拉古国王让金匠为他做了一顶纯金的王冠，后来有人说金匠在王冠里掺了银，于是国王命令阿基米德帮他验证王冠的真假，但是不能破坏王冠。阿基米德不分昼夜地冥思苦想不知如何是好。有一天，阿基米德到澡堂洗澡，澡盆里的热水放得满满的，他一进澡盆，就看到水沿着盆边往外溢。他一下子豁然开朗，连衣服也顾不上穿就从澡堂里飞奔出去，一边跑还一边喊“我明白了，我明白了”，然后径直回到自己家中。

他回到家马上做了下面的实验。他准备了重量相同的金块和银块，首先将银块沉入装满水的容器中。水就会溢出来，溢出的水的体积就是银块的体积。接着他再把容器装满水，将金块沉入水中，水会再次溢出来。不过，因为金块和银块的密度（物质单位体积的质量）不同，所以两次溢出的水量不同。他又用与王冠相同重量的金块做了相同的实验，发现把金块和王

实验7　利用阿基米德定律测量比重

材料准备

苹果、水、台秤、铁丝

实验步骤

1 首先测量装有水的容器的质量。假设它的质量为W1。

2 将苹果放入容器中，让苹果浮在水面上，然后测量此时容器的质量。假设此时的质量为W2。

3 用铁丝将苹果按住让它沉入水中，然后测量此时容器的质量。假设此时的质量为W3。因为W2−W1=苹果的质量，W3−W1=苹果的体积，所以用质量÷体积就可以计算出苹果的比重。

为什么？

为什么W3−W1=苹果的体积呢？如果让苹果沉入水中，会有竖直向上的浮力作用于苹果上。其反作用力（大小相等、方向相反）竖直向下，与这个反作用力相当的重量W3比W1大。根据阿基米德定律，浸在液体里的物体受到竖直向上的浮力作用，浮力的大小等于被该物体排开的液体的重力，所以浮力等于排开的水的重力。由于1g水的体积为1cm³，所以正好可以得出W3−W1等于排开水的体积，也就是苹果的体积。

冠分别放入装满水的容器中时，溢出的水量不同，也就是说它们的体积不同，由此可以证明王冠掺了假。

这样的逸闻趣事被传播开来后，很多人认为阿基米德定律是用来测定物质密度并用不同密度来分类物质的定律。其实完全不是这样的。在《论浮体》一书中，阿基米德通过许多实验发现了各种现象，并以“命题”为名将这些现象表述出来，其中第5条是这样表述的。

〈命题5〉如果把比液体重的固体（体积相同时，固体比液体重）浸入液体中，这个固体将会沉没到液体深处直至底部。若在液体中称固体，其重量要比真实重量轻，等于真实重量与该物体排开液体重量之差。

这就是阿基米德定律。该定律现在虽然被定位为出色的科学定律，但是阿基米德及其周围的学者们都认为它是一个“数学定律”，并未意识到这是自然规律。

关于浮力的问题经常会在初中、高中入学考试中出现。现在让我来列举一个在考试中容易搞错的问题，大家一起来试着解决该问题吧！

把一个质量为500g、体积为100cm³的物体用线吊起来让它悬浮在空中。在台秤上有一个装有水的容器，台秤指针正好指向1000g。如果用线吊着物体，当物体全部浸没在水中时，台秤会指向多少g？将线放开，当物体沉入水底时，台秤会指向多少g？答案分别是1100g和1500g。在第1个答案中，由于物体会受到水对它的向上浮力，就物体而言会变轻，变轻部分的重量正好等于这个浮力，即物体排开液体的重量，但是由于物体对水向下的反作用力，就液体而言会变重，变重部分的重量正好等于物体排开液体的重量。

实验8　制作浮沉子

材料准备

泡沫塑料、钉子、水、塑料瓶、杯子、裁纸刀

实验步骤

1 将钉子插入泡沫塑料中，用裁纸刀切割泡沫塑料，让它浮在水面，将泡沫塑料切割至它正好擦着水面漂浮的程度。

2 把做好的浮沉子放入装满水的塑料瓶中，盖上盖子，然后将塑料瓶翻转一下，再紧紧地按压塑料瓶的侧面。

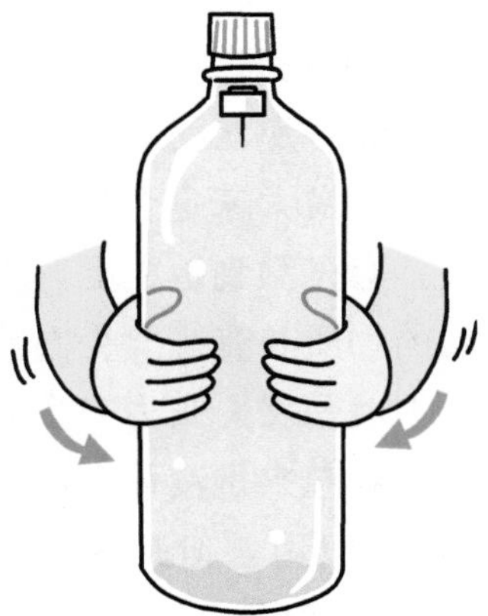

3 浮沉子会慢慢下沉。如果松开手，浮沉子又会向上浮起。

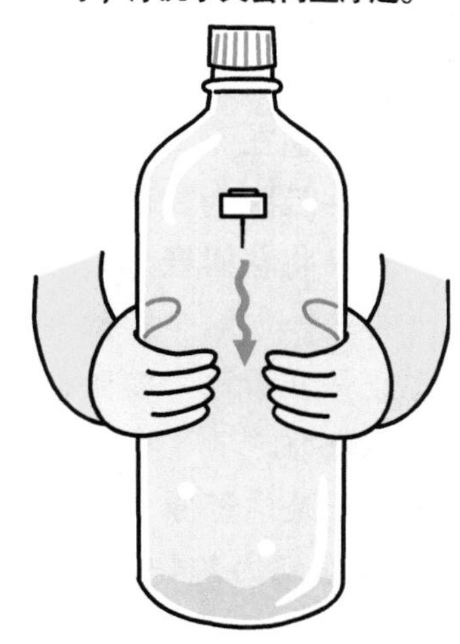

为什么?

浮在水中的浮沉子会因地球吸引而受到重力作用和浮力作用，这两个力处于平衡状态。虽然从侧面挤压塑料瓶，但是对于液体内部物体而言，它会受到垂直向下的压力。当泡沫塑料受到压力时，内部的空气会被压缩，体积会变小。而它受到的浮力也会相应地变小，所以浮沉子会慢慢地下沉。

为什么会产生表面张力?

1992年9月12日，日本航空员毛利卫乘坐“奋进号”航天飞机成功进入太空飞行。在太空中他忙于实验研究，将他在无重量空间进行的许多实验录入录像带中并将它带回地球。现在这盘录像带还是我十分珍视的录像带之一。其中给我印象最深的一个实验是他在无重量空间用吸管吸出一滴水珠，水珠便飘浮在空中，并且因为表面张力变成了正圆状，接着他拿樱花花瓣靠近水珠并将花瓣嵌入其中，此时毛利卫自言自语道：“就像地球一样……”这个实验视频我看了好多遍，每次看都非常激动。也正是在看这个实验视频之时，我才下定决心要正式开始学习表面张力。

水分子是由氢原子和氧原子结合而成的分子。分子之间会因受到**分子间力**的作用而相互吸引。水分子有独特的**氢键**结构，所以水分子间的相互吸引力大大增强。这种在分子之间、原子之间、离子之间相互作用的吸引力，我们将其统称为“凝集力”。一般来说，分子质量越大，凝集力越强。

那么拥有最强凝集力的液体是什么呢？那就是**水银**。我们都知道体温计中一般都注入了水银。不知道大家是否有过打碎体温计的经历。体温计摔碎后，水银就会飞溅到地板上，变成许多小颗粒在地板上滚动。凝集力强的物质具有想要变圆的性质。这种使分子之间相互吸引的作用力就是表面张力产生的根本原因。相传在古代，由于水银从表面看起来是液体金属，所以它曾被中国皇帝当做长生不老的仙药服用。但是水银有剧毒，据说秦始皇就是因为长期服用水银中毒而死。

实验9 丝段中的奇特形状

材料准备

丝段、肥皂水、线

实验步骤

1 用丝段（由毛线缠绕在铁丝上做成的玩具）编制出如下形状的框架，然后将编好的框架沾上肥皂水，再将它提起来。

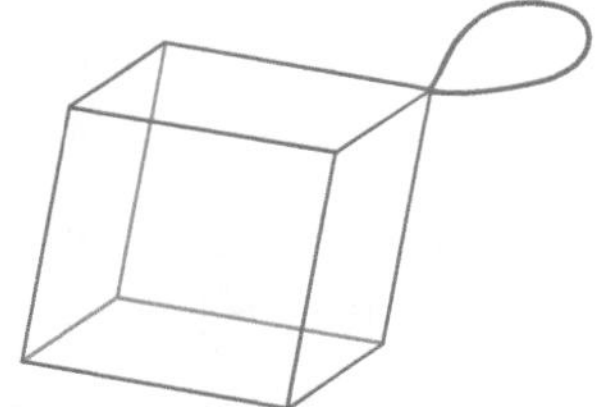

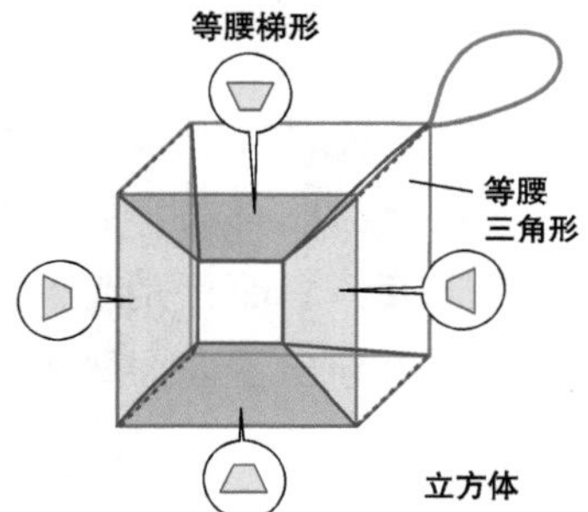

中央为一个小的正方形，在这个小的正方形周围有4个全等的等腰三角形和8个全等的等腰梯形。

2 用丝段制作出一个圆环，在这个圆环中系上一个线环，然后将圆环放入肥皂水中。如果让线环的正中间分开，就会产生甜甜圈状的肥皂膜。

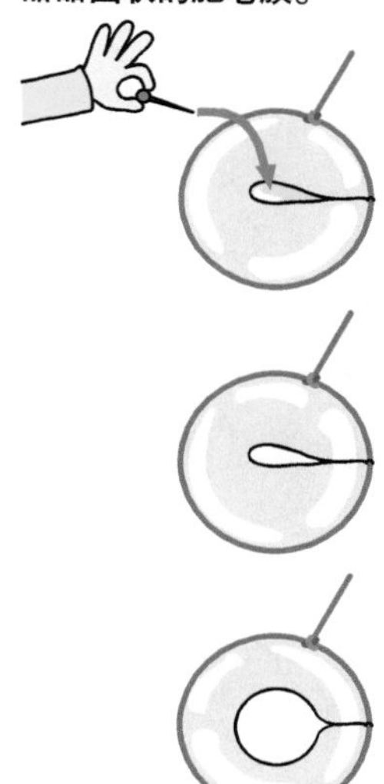

在这个实验中，肥皂膜给我们的感觉是它想要收缩并拉紧线环。

实验要点

如果用聚乙烯醇洗衣液、浓缩洗剂、水混合在一起制成浓稠液体来进行这个实验，则会产生非常漂亮的薄膜。当没有洗衣液时，也可以放入砂糖，这样也能顺利地进行实验。

表面张力和数学研究

每个分子会因为分子间力的作用而从四面八方相互吸引。请将它想象为右图所示的结构图。但是液体表面的分子上方没有其他分子，所以不会受到其他分子的吸引。在液体内部，由于被许多分子包围着，分子之间的相互作用力会互相抵消，只会剩下少许吸引力。不过，对于位于表面的分子来说，因为会受到图中前后左右以及向下的力的作用，所以它会与前后左右的分子相互吸引而向内侧弯曲，就好像有一种力在促使表面不断收缩一样。这就是表面张力的实质。

实验9就是利用了表面张力原理使液体表面发生收缩现象的实验。实际上这个实验与一个有名的数学问题有关。肥皂膜会形成奇怪的几何图形，这一现象是由于液体表面总是趋向于尽可能缩小的原因所致，可以说正是由此引导出了表面张力的概念。

1873年，比利时物理学家、数学家约瑟夫·普拉托用肥皂膜实验解决了一个数学问题，这个问题是“以空间内某个封闭曲线为边界的所有曲面中求面积最小的曲面”，这个面积最小的曲面称为极小曲面，这个问题也被称为普拉托问题。他是人类历史上第一个发现“框架上张开的肥皂膜形状为极小曲面”的人。关于表面张力的数学研究就是从这个问题开始的。

实验10 水为什么不从金属网中漏出来？

材料准备

杯子、厚纸、金属网

实验步骤

1 在杯子里装满水，用厚纸将杯子盖住，然后用手托住厚纸将杯子倒过来。此时即使我们放开手，水也不会流下来。这是在大气压强下一个非常有名的实验，因为受到大气压的支撑，所以水不会漏出来。

2 下面再来进行另外一个实验。在杯子里装满水，将金属网盖在水杯上，再把厚纸放在金属网上，将杯子倒过来，此时即使去掉厚纸，水也不会漏出来。按理说金属网上到处都是小孔，水应该漏下来，可是为什么水没有漏出来呢？

为什么？

仔细观察一下金属网，我们会发现它上面密密麻麻地布满了许多像溢出的水滴一样的东西，这些细小的水滴的表面张力会支撑着杯子中的水防止它漏出来。这就像给吊床施加水平方向的力，让它支撑着躺在上面的人一样吧？

弱化表面张力的界面活性剂

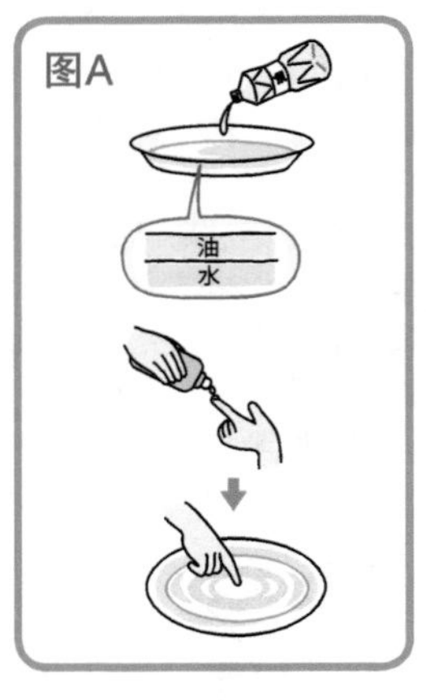

在厨房洗涤剂的广告中（图A）经常会看到这样的镜头。在水上滴入少量的油，水面就会张开一层油膜。接着用手指头沾点洗涤剂，接触油膜的正中间，一瞬间油膜就好像被橡皮筋拉扯一样向周边扩散开。这个广告到底想表达什么意思呢？

如**图B**所示，肥皂分子包括亲油部分（亲油基）和亲水部分（亲水基）。它会包裹住油，使亲油基位于内侧亲水基位于外侧，从而将油吸引入水中。

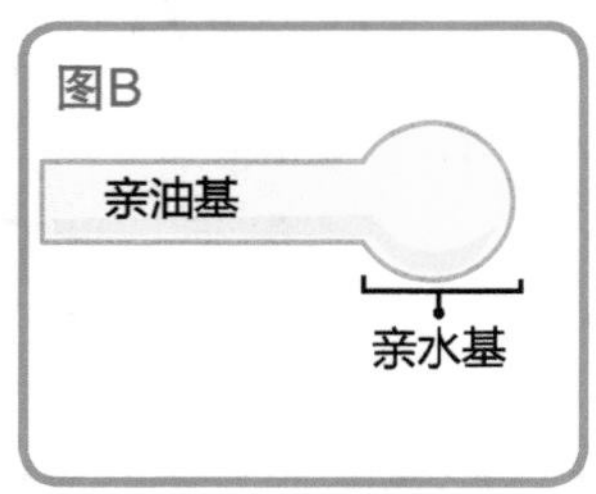

那么，如果周围没有油结果会如何？如**图C**所示，肥皂的亲水基会在下面，亲油基会在上面，并且它们会并排排列在分子表面。由于这层肥皂膜，水的表面张力会弱化。如果把黑色的部分换成油膜，油就会向右边也就是与肥皂亲水基和亲油基并排方向相反的方向移动。广告表述的就是这种状态。我们将像肥皂这种具有弱化水的表面张力功能的物质叫做界面活性剂。

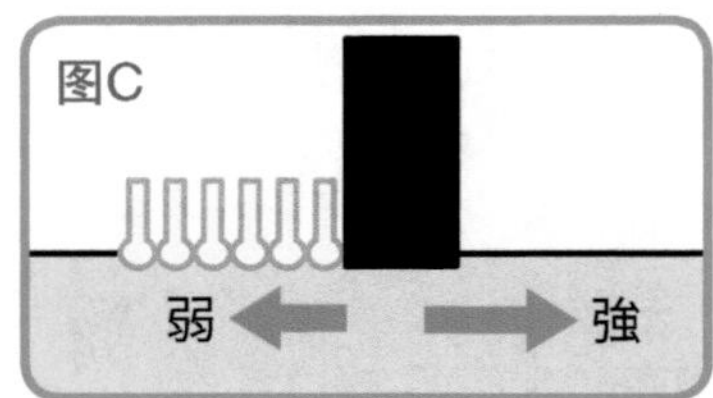

实验11　用肥皂能让船行走吗？

材料准备

厚纸、修正液、肥皂水

实验步骤

1 如图所示，用厚纸剪一个三角图形，并在刃部涂上修正液，然后让三角图形漂浮在水面上，并且在它的正中间滴上肥皂水。三角图形就会向着涂了修正液的方向旋转。

2cm

2 将厚纸剪成如图所示的形状，并把这个形状物放入水中漂浮着。如果将肥皂水滴在这个形状物的切割部位，它就会向着与肥皂水一侧相反的方向移动。

为什么？

如果把上页图C中的黑色部分看作机翼或者船尾，就能够理解这个形状物为什么会向着与肥皂水一侧相反的方向移动了。

有一种玩具就使用了衣物防虫剂——樟脑作为使船移动的界面活性剂。

毛细现象的奇特之处

如果在水中竖起一根细细的管子，管子中的水位就会自然上升到某种高度。即使将干毛巾吊起来并让它浸入水中，管子中的水位也会上升。我们将这种现象叫做**毛细现象**（又称**毛细管作用**）。这种现象是由液体的表面张力和液体对周边的玻璃**容易浸润**引起的。

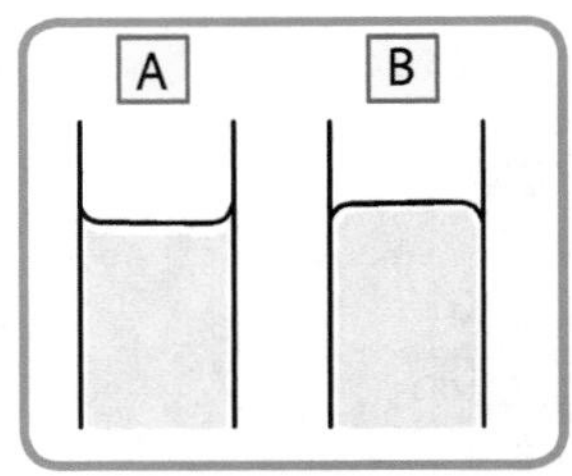

这种液体吸附在容器壁上的现象是一种**透镜**现象，在液体的表面会呈现出凹凸状。利用量筒测定方法也能出现完全相同的现象。由于对于容器来说，液体是浸润的，所以液面会呈凹状（图中A的形状）。但是，在细管中不能无视液体表面张力的影响。由于表面张力，液面中心部位会上升呈凸状（图中B的形状）。管中的液体会反复AB这个过程，并由此产生毛细现象。

我想大家有过这样的经历，当我们让圆珠笔头朝上写字时，一会儿就没水了。由于毛细管现象，吸引笔内墨水的重力要大于使墨水到达笔尖的吸引力，所以墨水中间部位会断开，这就是造成墨水出不来、写不出字的原因。可以将圆珠笔绑在自行车的车轮上旋转，或者用橡皮筋绑着让它旋转，在离心力的作用下圆珠笔内的墨水又会恢复到之前连续的状态。

实验12　何谓盐沙漠?

材料准备

沙子、食盐、水、咖啡滤纸、厚纸

实验步骤

1 制作浓度较大的食盐水，并将食盐水放入锅中。把沙子倒入咖啡滤纸中，并用针在滤纸侧面扎许多小孔。

2 将滤纸放入锅中，用厚纸盖在锅上挡住阳光。

3 三四个小时后，沙子的表面会隐约可见盐结晶。如果放置一周，沙子表面会形成大颗粒的盐结晶，在滤纸上甚至会出现盐壁。

为什么?

不能在沙漠上大量地洒水。由地表渗入的水到达地下水脉后，地下水会因为毛细现象不断上升从而渗出到地表。在强烈的日晒下，地表水分被蒸发掉，溶解在水中的盐分再次恢复成结晶，这样就形成了盐沙漠。如此一来，在沙漠上种植农作物的可能性就几乎为零了。如果含有钙的物质再结晶，有时会形成一种名叫“沙漠玫瑰”的石膏类结晶体，它形状如盛开的玫瑰，千姿百态、瑰丽神奇。

伯努利父子的恩怨

1667年出生于瑞士的约翰·伯努利是著名的数学家家族——伯努利家族中的一员。他与哥哥雅各布一起发展了莱布尼茨发明的微积分法，创立了指数函数的微积分方法，还用数学方法解释了重力场中的物体运动，总之他是一位为人类做出了卓越贡献的优秀数学家。他的弟子中，还有一位天才数学家，那就是因“欧拉公式”而出名的莱昂哈德·欧拉。这位约翰先生虽然在数学方面颇有建树，可他在人际关系上却有很多麻烦，其中他最大的竞争对手、一生都在和他作对的人竟然是他的儿子丹尼尔·伯努利。

1700年出生的丹尼尔·伯努利在与父亲的弟子欧拉交流的过程中独自建立了流体力学的基本方程式，即“伯努利定律”。1738年，他出版了自己的著作《流体力学》，其中叙述了流体的各种定律以及定律的证明过程。但是他父亲约翰竟然不能忍受儿子超越他，他不仅阻碍儿子向巴黎大学提交论文，而且计划于1743年出版一本类似书籍。他企图在书中散布关于流体力学中的能量守恒定律是自己先提出来的流言，为自己争取优先权。由于父亲的欺诈行为，丹尼尔感到心灰意冷，并向自己的好友欧拉写信诉苦。世人并没有如此好糊弄，拥护丹尼尔的声音更加强烈，最终约翰在数学方面的众多业绩也被怀疑是抄袭的。据说丹尼尔曾经向他父亲妥协过好几次，但是父亲到死都一直怨恨着儿子。

实验13　为何吹气乒乓球还会被吸住？

材料准备

漏斗、橡胶软管、乒乓球

实验步骤

1 在漏斗上连接一根橡胶软管，将乒乓球放入漏斗中。

2 让我们来尽情地吹气吧！结果与我们的预想正好相反，乒乓球并未飞出去。

3 不仅如此，令人意想不到的是即便在吹气时将漏斗倒过来，乒乓球还是会吸附在漏斗里面。

为什么？

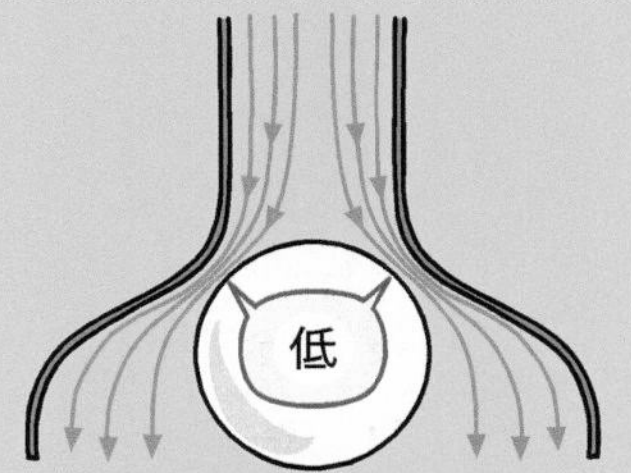

如图所示，左边的三条流线会从乒乓球左侧的缝隙间穿过去。这样在乒乓球的圆周上会发生空间变窄、压强变小的现象，所以无论是朝上还是朝下，乒乓球都会被吸附在漏斗上。

正确理解伯努利定律

丹尼尔·伯努利提出流体力学的基本定律“伯努利定律”，这条定律在解释流动气体和液体中发生的各种现象的原因时一定会用到，是一条非常著名的定律。

但是很多电视节目却错误地解释了“伯努利定律”，甚至许多科学家的解释也不正确。我觉得真正的伯努利定律似乎已经开始消失了。为了正确地理解伯努利定律，明确区分能够以用定律解释的现象和不能用定律解释的现象，让我来详细地向大家说明一下该定律的相关内容吧！

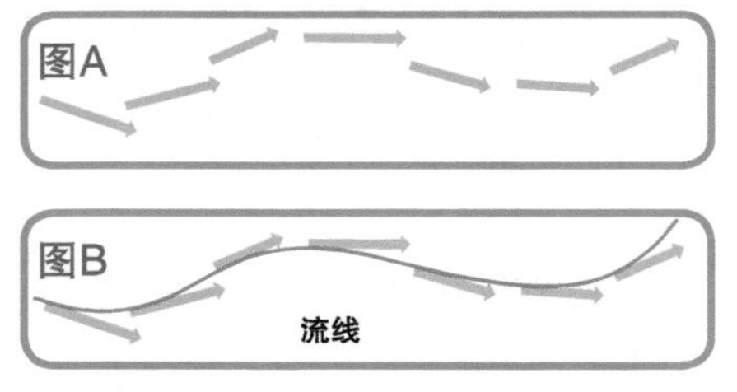

为了理解这个定律，有必要事先掌握几个流体力学上的专业术语。其中一个是**流线**。观察河水的状态。独立测定水流的各点，会形成上面**图A**中的线条。在此图中，箭头的方向代表水流的方向，长度表示水流的速度。沿着箭头的方向把箭头上最近的各点连接起来画一条平滑的曲线，注意要使各点所在的箭头线正好为所画曲线的切线（只与曲线上的一点相接的直线）（**图B**）。这就是描述流场中各点流动方向的基本线——**流线**。

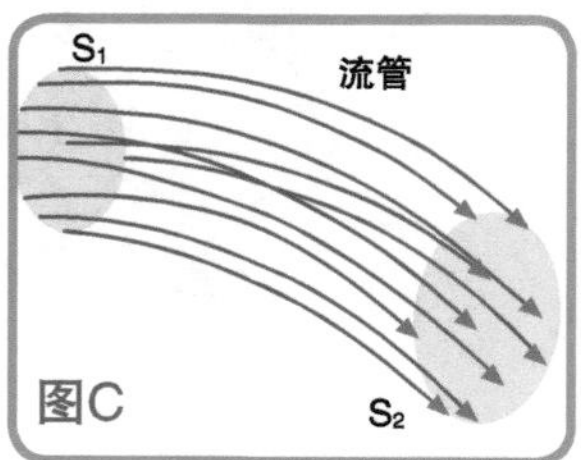

将这些流线集合起来就构成一个封闭的管状曲面，称为“流管”。在**图C**的流管中，当流体通过S_1时，流场会变窄，当流体通过S_2时，流场会变宽。

实验14　对着2个空罐子之间吹气

材料准备

空罐子2个、吸管

实验步骤

1 把2个空罐子并排摆好，在它们之间留出5mm左右的间隙。然后用吸管对着这个间隙用力地吹气，罐子就会紧贴在一起。

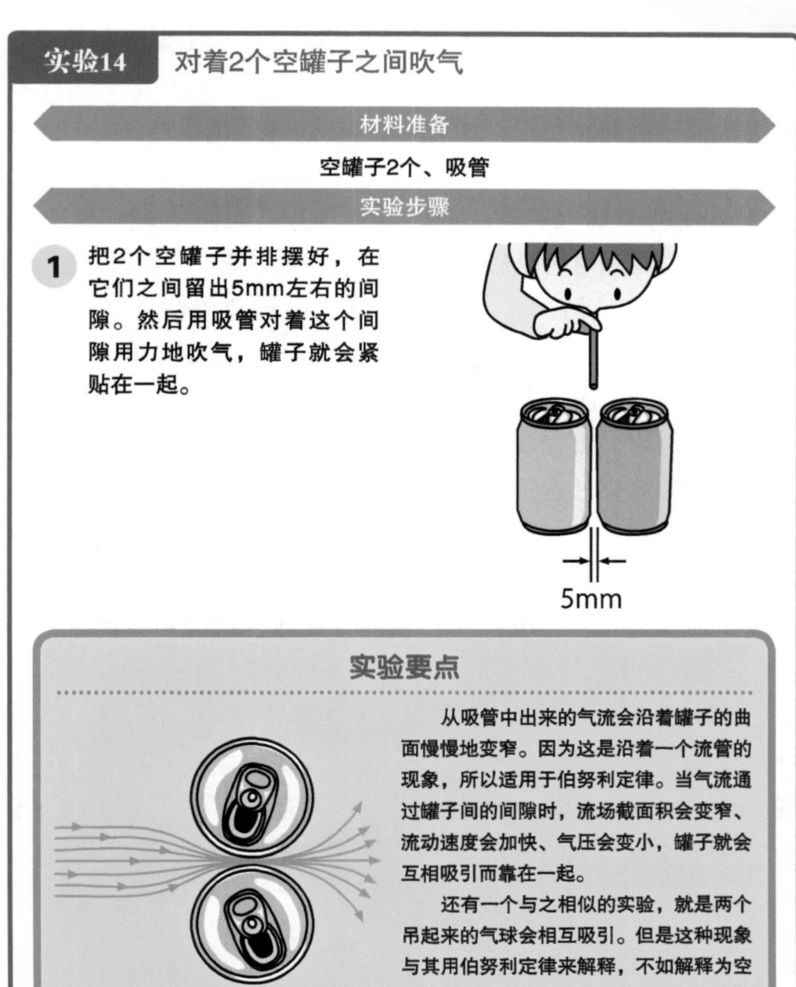

实验要点

从吸管中出来的气流会沿着罐子的曲面慢慢地变窄。因为这是沿着一个流管的现象，所以适用于伯努利定律。当气流通过罐子间的间隙时，流场截面积会变窄、流动速度会加快、气压会变小，罐子就会互相吸引而靠在一起。

还有一个与之相似的实验，就是两个吊起来的气球会相互吸引。但是这种现象与其用伯努利定律来解释，不如解释为空气本身的黏性使气球被吸引而相互靠拢。

流体力学中的能量守恒定律

那么，让我们来观察一下流管中的状态。在流管中，每秒通过S_1的流体流量与每秒通过S_2的流体流量必须相等。将流管看做软管，就能够明白。如果每秒有5公升的流体通过S_1，而每秒只有3公升的流体通过S_2，软管就会破裂。“截面积（S）×流体通过的流速（v）= 恒定”这个公式叫做“连续性方程式”，它与流体中的**质量守恒方程式**意义相同。

由此，当我们把几根流线汇集成一条流管时，就能得知“截面积与流速成反比”。当流线汇集的流管变得狭窄时，流速就会变快，当流线汇集的流管变得宽广时，流速就会变慢。

另外，我们来做一个假设。在流管中流动的流体，无论是通过宽广的截面还是通过狭窄的截面，假设它的密度不变。当截面不断变窄时，流体就会充满管中，给我们的感觉就好像是流体密度变大了，其实不然，流体密度一般是一定的，只不过是流体的流速相应地变快了。我们将流体的这种性质叫做**不可压缩性**。

让我们再来做一个假设。假设流体在流管中流动期间不会产生涡流。实际上，当流管截面积急剧变大或变小时，流动会混乱，产生涡流，发生“流动分离”的现象。但是我们假设不会发生这种现象。我们将这种流动叫做**定常流**。定常流是可以用非常平滑的流线来表示的流动。

实验15　随风漂浮的气球

材料准备

纸气球、电风扇

实验步骤

1 将电风扇横着放置。为了获得足够的风量，最好将电风扇的后侧垫高。

2 让纸气球膨胀起来，将它轻轻地放在电风扇上，纸气球就会晃动着漂浮起来。

为什么?

还有一个小实验名叫“吹不走的泡沫球”。操作方法是将吸管弯曲，在它的一头套上螺旋状铁丝，将泡沫球放在铁丝上，用嘴吹吸管另一头，泡沫球就会漂浮起来。我想有些人肯定在其他地方看到过这个实验。原以为泡沫球会被风吹走，可实际上泡沫球会漂浮在铁丝上方。

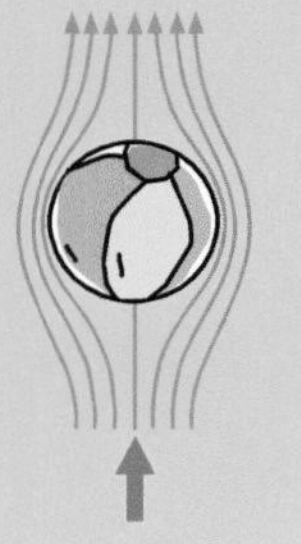

当风从下方吹来通过球、圆筒等物体时，流线会被分为左右两边，流线间的间隔会变窄。由于球抵抗风的面积较大，球受到阻力开始上浮，而在水平圆周上会产生低压部分，并在水平方向左右拉扯泡沫球，使得球稳定上浮。

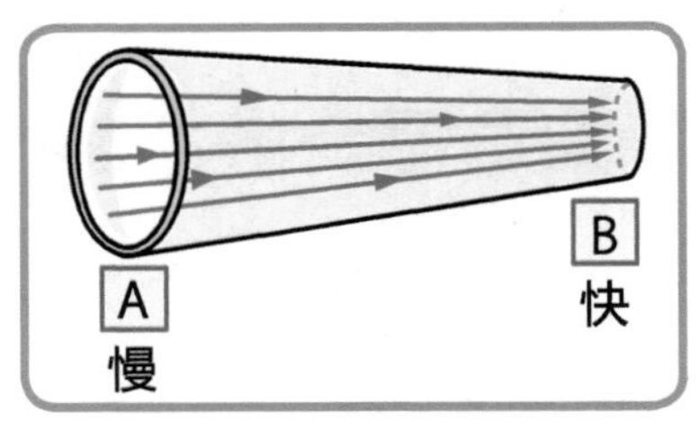

当流体在如图所示的流管中流动时，从截面积较大、速度较慢的Ⓐ点开始，流体的速度会慢慢地增加，让我们来考虑一下当水从截面积较大的Ⓐ点开始通过截面积较小的Ⓑ点时流管内的状况。该流管为水平流管，假设Ⓐ点、Ⓑ点均处于同样的高度。那么问题产生了，Ⓐ点和Ⓑ点，哪个点的水压高？

大概大家会认为因为Ⓑ点流线紧挨着比较集中，所以Ⓑ点的水压高吧？很遗憾，这个答案是错误的。其实Ⓐ点的水压比Ⓑ点的水压高。大家没有忘记不可压缩性这个性质吧？虽然流线混合在一起，但是液体的密度并没有变化。流线的密集程度与密度是否增加无关。这可能是流线的形状给我们造成的最大误区。另外还有一点要说明，因为水是从左边流向右边，所以Ⓐ点的水压当然比Ⓑ点的高。

流速慢=压强大、流速快=压强小。流速和压强有一个增加时，另一个就会减小。进一步来讲，在密闭流管中，流体的流速会随着压强的减小而相应地变快。这两者的关系看起来就好像是能量守恒定律一样。当给某个物体施加外力时，外力会对物体做功，而物体的动能会相应地增加。丹尼尔·伯努利根据能量守恒定律这一观点，将看起来毫无关系的流体运动与物体运动结合在了一起。

可以用“1/2×物体的质量×速度的平方”来表示物体的动能。但是流体时常都在流动，没有固定的质量。于是，伯努利利用了与不可压缩性相关的“密度总是恒定”这一性质。在物体运动中，即使向物体施加外力，物体的质量也总是恒定的。

实验16　马格努斯效应

材料准备

用年历等卷成的纸筒、线、透明胶带

实验步骤

1 把一张年历纸卷成筒状，并用透明胶带将它固定好，然后在纸筒上缠上线。

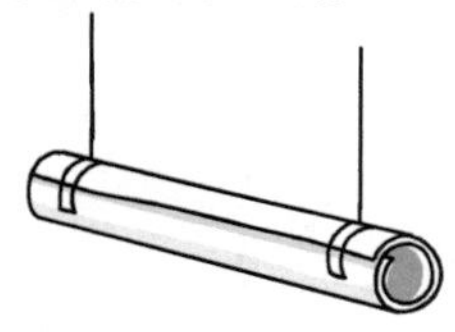

2 两手拿着纸筒，将线的一端绕在两只手的大拇指上，然后让纸筒下落。

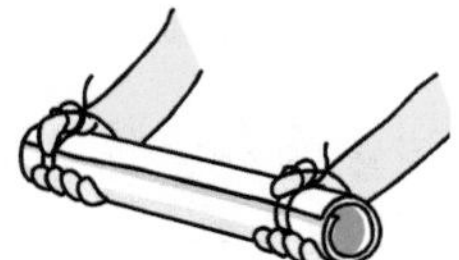

3 纸筒没有笔直地落下来。它会向哪边弯曲下落呢？

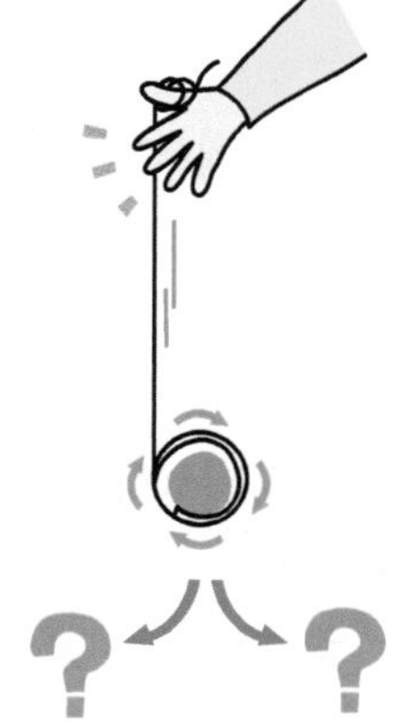

为什么？

答案是它会向左边弯曲下落。为什么会发生这种状况呢？

请注意从下边过来的流线。大家有没有发现受到纸筒旋转的拉扯，左侧的流管变狭窄了？因为截面积小=流速快=压强低，所以纸筒会向左边偏移。但是之后的流线会向着右上方流动。有人解释由于这种反作用，纸筒会受到向左方向的力。旋转带来的弯曲效应被称为马格努斯效应。

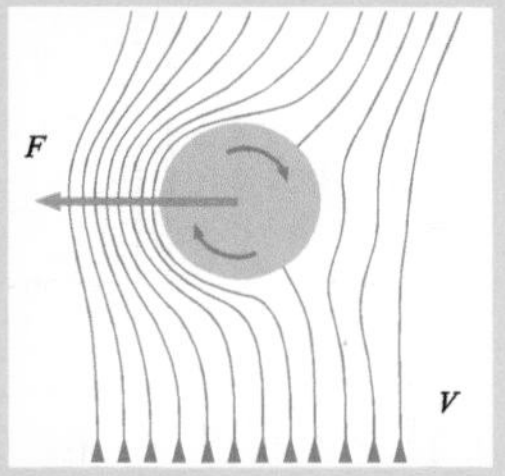

伯努利决定“把流体的动能看成是1/2×流体的密度×速度的平方”。他还证明了“外力对物体所做的功”正好相当于这个“压强差”。

“当不可压缩性流体在水平密闭的流管内定常流动时，在流管内部的任何面上，流体的动能和压强之和总是一定的”。

在此，如果用ρ来表示流体的密度，用v表示流体的速度，用p来表示压强，则就可以得出

$$\frac{1}{2}\rho v^2 + p = \text{常数}$$

这就是伯努利定律的表达式。当Ⓐ点和Ⓑ点的高度不同时，只要在这个式子中加上势能就可以了。

有一种装置利用该定律来测量密闭管中的流体流量，这种装置就是文丘里管（又名文氏管、喉形管），因意大利物理学家文丘里得名。其原理十分简单，在A_1处截面积大=流速慢=压强高，而在A_2处截面积小=流速快=压强低，所以这两点之间会产生压强差。通过测量压强差和比较截面积的大小就能够知道这两点的流速差，从而求出流过管内的流体流量。

伯努利定律成立需要几个条件，即流体为不可压缩流（液体比气体更合适）、定常流、在流线汇集而成的流管内部等。但是，如**实验17**所示，有很多错用伯努利定律的例子。

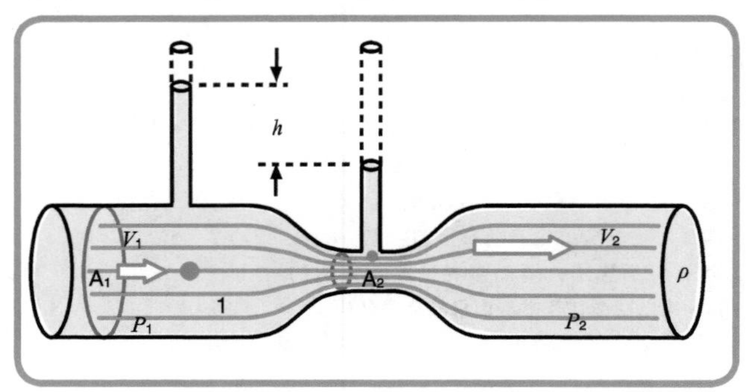

实验17　喷雾实验

材料准备

吸管、杯子、水

实验步骤

1 用剪刀把吸管剪开，只剩下一点点相连。

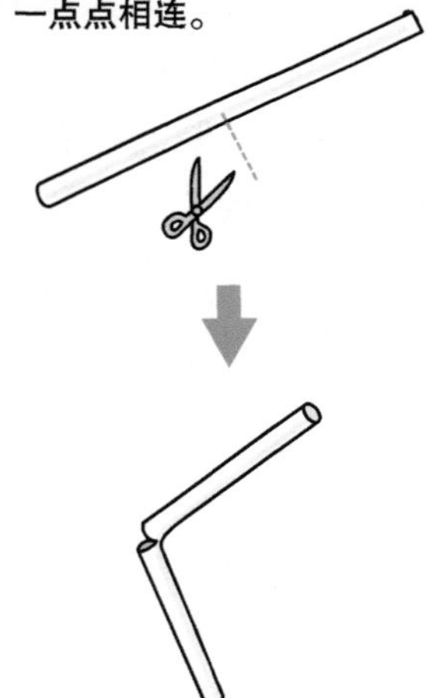

2 在纸杯中放入水，然后把吸管的一端插入杯子的水中，从吸管的另一端用力对着吸管吹气，水就会被吸上来形成喷雾。

为什么?

这是一个经常会出现在网上和实验书上并且容易被理解错的、具有代表性的实验。大家一般都会这样错误地解释这种现象，“如果对着吹口用力地吹出去，在吹气出口处空气的流速会加快。根据伯努利定律，吹气出口处的大气压强会降低，水面的大气压把杯中的水往吸管里挤，水就会在吸管中上升，到喷出吸管时，又被吸管吹出的气吹散形成水雾。”

伯努利定律是仅限于“在流管内部”使用的定律。在这个实验中，如果用伯努利定律来解释，就是“因为水平吸管内部的截面积总是相等，所以管内的压强相等，并且在吸管吹口处流线会扩展，所以截面积会变大、流速会减慢、压强会升高”。但以此来解释水会从下面往上升是完全说不通的。对此实验的正确解释应为“对着横吸管吹气时，会形成水平流动的气流，位于纵吸管上面部位的空气会被水平流动的空气的黏性力所拉扯，这样在纵吸管上面部位的气压就会降低，水就会在吸管中上升”。

伯努利定律的错误使用

不知大家是否有过这样的经历，当火车和地铁疾驶过来时，我们会感觉自己好像要被铁道吸进去一样。如火车站台上设有安全线，乘客若越过安全线，有可能发生被行驶的火车“吸”进铁道的危险。为什么会发生这种事情呢？我在网上查了一下，很多答案带有“根据伯努利定律”的字样……甚至有些答案断言：“当风吹来时，压强会降低。这就是伯努利定律。”看到这些，我岂止是生气，简直是惊呆了。到底是谁第一个开始这样说这样写的呢？这些回答如此泛滥，再将它们更正过来已经非常困难。

伯努利定律是“表示流线汇集而成的一条流管内部的压强、动能和势能之间的关系”的定律。而列车靠近所形成的吸入现象与伯努利定律完全无关。

环绕在火车周围的空气会随着列车一起通过站台处，站台上的空气也会因为流动空气的黏性而被列车周围的空气所吸引。因为空气的可压缩性很高，密度很容易发生变化，所以要使伯努利定律适用于空气，需要具备相当严格的条件。而人在站台上之所以会被铁道吸进去其实是因为空气的黏性。

如**实验14**所示，使用吸管来调整流管的状态，让空罐子之间的距离相隔5mm左右，会让平滑的流线聚集在一起，如果实验具备这种限定性条件，该实验就能够适用伯努利定律。

实验18 制作吸管枪

材料准备

直径不同的两种吸管、线、铁丝、透明胶带、剪刀

实验步骤

1 按照下图方法用剪刀将两根吸管的蛇纹管部位剪掉一部分，将另一根吸管从剪掉的孔中插入。

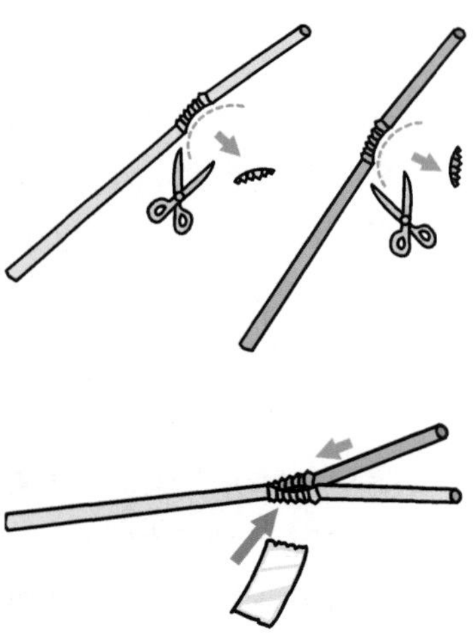

2 用铁丝将木棉线穿过吸管，将木棉线的两端系好后，将多余的线剪掉形成一个线环。用透明胶带将吸管两端粘好，尽量确保吸管两端不会漏气。然后用力地对着吸管吹气，木棉线就会呈环状开始滴溜溜地转动。

为什么？

这也是一个经常被错误地利用伯努利定律解释的代表性实验。其错误解释为“空气在吸管中流动，吸管内的压强会降低，线会从下方被吸进去”。而实际上吸管中的气压比大气压要高，所以线不会从下方被吸进去。当用力向前吹气时，被用力吹出的空气具有黏性，线会受到空气黏性力的拉扯而形成环状并开始旋转，这才是真正原因。它与伯努利定律完全没有关系。

康达效应

1886年出生于罗马尼亚布加勒斯特的亨利·康达是一位被称为“喷气动力之父”的发明家，由于他在航空动力方面的卓越贡献，他的名字被刻在了他出生故乡的国际机场。1910年，他设计的**康达-1910**被称为人类历史上第一架喷气式飞机，性能虽然有些差劲，但是它却能够在没有螺旋桨的情况下在空中飞翔。

当康达-1910坠毁时，康达亲眼目睹了奇妙的现象。那就是从飞机上窜出的火焰和白烟会沿着飞机机身表面流动，即流体好像会被吸附在某一物体表面流动。康达在20年之后给这一现象下了结论。他指出**流体会沿着曲面表面流动**，这被称为**康达效应**。作为具有黏性的流体的特点，在很多情况下都能够看到这种现象。

如下页所示，汤匙和乒乓球会被流动的水所吸附的现象就是康达效应的代表性例子。这一效应的关键点是流体会“沿着曲面表面”流动。也就是说，即使流体沿着具有直线面的物体侧面流动，也不会发生康达效应。并且受到流体喷出的反作用力，物体会移动。当水等密度大的流体大量地吸附在物体表面流动时，水就会获得能使汤匙或乒乓球移动的力，而对于密度较小、较轻的气体而言，根据动量守恒定律它们不会获得如此大的力。

实验19　让汤匙靠近自来水

材料准备

大点的汤匙、自来水、乒乓球、线、塑料瓶、蜡烛

实验步骤

1 用透明胶带将线的一头固定在乒乓球上。在自来水流动的状态下，拿着线的另一头让乒乓球靠近自来水，水流就会被乒乓球吸引并附在乒乓球上流动。即使将线倾斜，甚至是倾斜很大的角度，自来水还是会被乒乓球吸引。

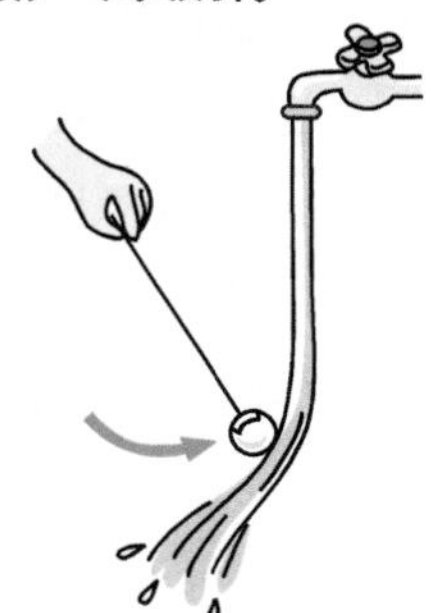

2 这次把汤匙的背面（突出面）靠近自来水。水流会被吸引，流到汤匙的背面。

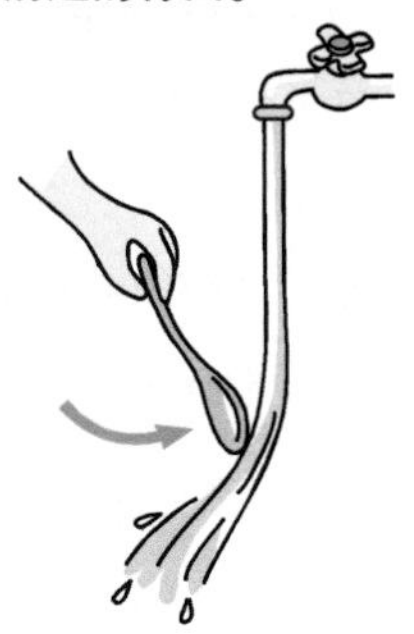

3 将两个塑料瓶并列放好，在一侧放一根点燃的蜡烛。站在另一侧轻轻地对着蜡烛吹气，虽然觉得蜡烛好像会熄灭。但是却很难将它吹熄。这是因为气流会沿着塑料瓶的壁面向外侧弯曲。

实验要点

如果吹得太急，塑料瓶就会靠过来。请一定要平稳地、慢慢地吹气。

升力是怎样产生的?

用泡沫聚苯乙烯制作一个如**实验20**所示的机翼，如果从侧面对着这个机翼吹风，尽管机翼底面是水平形状，但是这个机翼还是会稳定地向上升起来。我们将垂直于机翼前进方向、方向向上的力叫做“升力”。机翼升力产生的原因，可以分为三类。

❶ 由康达效应产生的升力

在机翼表曲面流过的空气会沿着曲面向机翼下方流动，机翼把大量气流向下偏转会产生反作用力，这个反作用力竖直向上的分力就是升力。不过与汤匙实验相比，水的密度相对于空气而言较大，汤匙会移动，但是空气密度太小，即使将气流速度提高很多，由康达效应所产生的升力也极其小。

❷ 通过设定迎角产生的升力

在这个实验中，机翼为水平状，几乎没有迎角效果。但是如果迎风调节机翼使它与水平面形成一个夹角（迎角），就能够产生升力。在飞机实际飞行的过程中，迎角产生升力的效果会更显著。即使不设定机翼的角度，只利用附在主机翼端、可以上下移动的小翅膀，也同样能够调节迎角。

但是如果将迎角设定得过大，流线的紊乱度就会加大，流线会脱离机翼曲面，发生剥离现象，这样飞机就会突然失速。

实验20　确认机翼的升力

材料准备

泡沫聚苯乙烯、裁纸刀、吸管、透明胶带、竹签、电风扇

实验步骤

1 把泡沫聚苯乙烯切割成板状，在泡沫板上插两根竹签，制作一个台子。

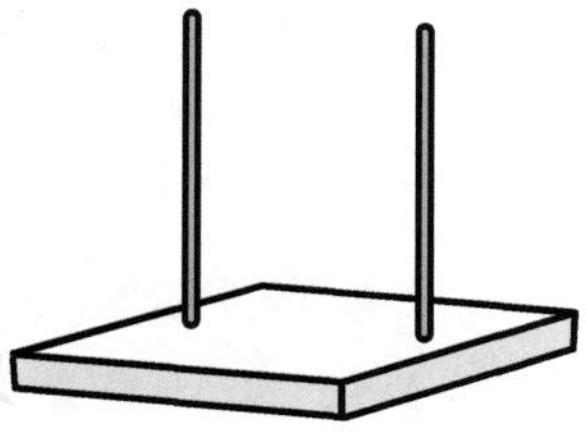

2 将另一块泡沫板切割成如下图所示的形状（机翼），用透明胶带将切成小段的两根吸管分别粘在这块泡沫机翼的两侧。

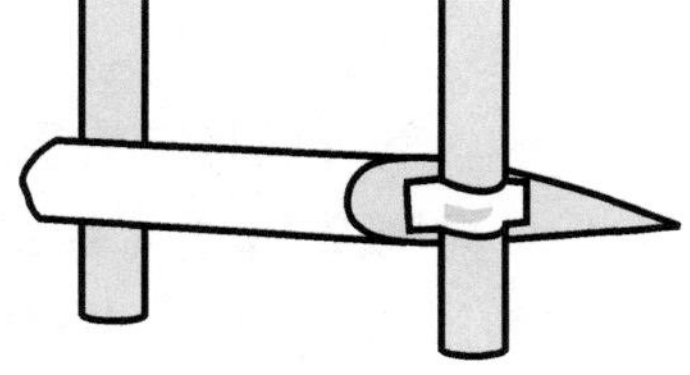

3 将这两根吸管插在竹签上。这样就准备好了。接着从侧面用电风扇对着机翼吹风。

4 虽然机翼翅膀没有倾斜，但是机翼还是会向上升起。这是因为产生了向上的升力。

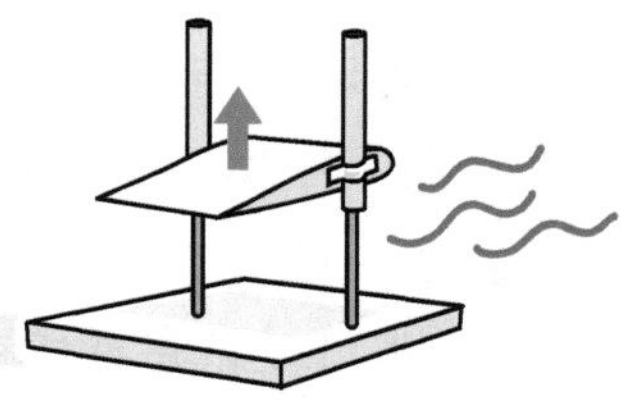

为什么?

即使机翼翅膀底面与台子平行，机翼也会因为升力而向上升起。但是并不是一直向上升，在翅膀重力与升力达到平衡状态时，机翼自然会停止上升。

❸ 假设在机翼周围存在循环涡流而产生的升力

大学流体力学教材中所叙述的“升力产生的原因”，在此我均会做说明。

下页**图1**（a）是流体冲击圆筒的状态。（b）是在静止流体中圆筒旋转时所产生的流线状态。由于流体的黏性，流体会随着圆筒一起旋转。

如果在流动流体中旋转圆筒，结果会如何？会形成（c）的状态。即两种气流合成的形态，在此由于**马格努斯效应**，朝着纸面方向会受到向上的作用力。

我们也可以同样以此来解释升力。

假设机翼处于定常、均一的流体中，就会是**图2**（a）的状态。在机翼后缘（这里是指机翼的右端）部位，从机翼下面通过的流线会受到上面气流的拉扯，从而被下面的气流顶压上去，看起来流线好像在向上跳跃一样。跳跃的流线会与从机翼上方落下来的流线相撞，从机翼上方落下来的流线受到冲击力，会马上剥离机翼表面，向后方释放出旋涡。这就是**图2**（b）的状态。之后，沿着机翼上表面和下表面的流线会变得平滑，会像**图2**（c）那样稳定。

实际上，如果在风洞实验中观察流线，就可以将它表现为这样的花纹。让我们来比较一下**图1**（c）和**图2**（c）。**图2**与**图1**一样，也可以将它看成是定常流和旋转流的合成。也就是说**图2**（c）=**图2**（a）+**图2**（d），机翼后缘会释放出旋涡，这样在其周围会产生循环气流，并产生与循环气流强度相当的升力。根据**库塔–茹科夫斯基定理**，升力=流体密度×流体流速×环量值。

但是在实际情况中，只能观察到**图1**（c）、**图2**（c）中的流线，并不能直接观察到涡流。因此，在网上经常会出现这样的话，“飞机为什么能够在天空飞行”“升力问题还没有解决”等。对于在旋转圆筒上发生的马格努斯效应，我们可以极其直观地理解。虽说图1（c）、图2（c）中流线的形状很相似，但是假设在机翼周围产生循环旋涡又是怎么回事呢？如果能够看见这种循环旋涡，我想对此问题的争议就会结束吧。

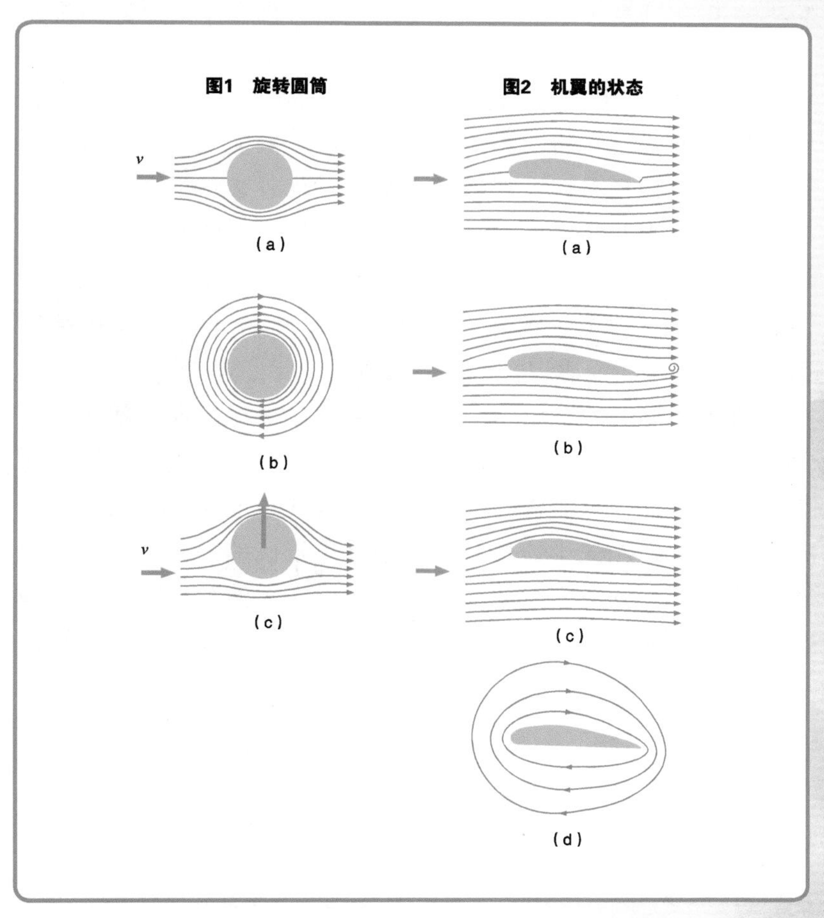

结语

黏性流体运动方程——纳维–斯托克斯方程是非线性二阶偏微分方程。我在学生时代解这个方程时发现，如果不采取各种近似值，即使将数据输入计算机中（当时还没有超级计算机），也会耗费很多时间或者显示为错误操作，弄得我都想放弃流体力学的专题研究课题了。

前几天，我终于在工作的学校附近的公立函馆未来大学看到了复杂性科学学科的相关发表论文，才知道只要用一台笔记本电脑就能够轻易地计算出我在学生时代曾费尽千辛万苦解答的方程组，为此我感到非常震惊。这篇论文细致地区分流体内部后，利用微分方程的近似解法“差分法”，毫不费力地就计算出了纳维－斯托克斯方程，并将旋涡的样子漂亮地描绘出来，看到这个我深感遗憾，甚至自嘲般地笑了起来。

由于计算机的发展，现在的计算速度快得惊人，就连之前即使耗费大量时间也不可能计算出的有关地球温室效应所引起的洋流、气流等代表性的流体运动，现在也能够计算出来了。之前物理学家们关于流体的理论果真是正确的吗？很多理论经过多次模拟，其成立的边界条件直到现在才清楚。而现在作为定论被登载在教科书上的东西有朝一日也有可能会被指出是错误的，从而被再次更正。

后　记

现在物理所面临的状况异常严峻。由于物理相关知识令人难以理解，所以很多高中索性不再开物理课。我觉得如果这样下去，日本的未来会岌岌可危。

我一直一边在高中执教，一边教在理科大学没有学习物理的学生物理，有时还会在地域性学习活动中告诉中小学生物理实验的乐趣。由此我认识到并不是学生们讨厌理科和物理，而是由于高考形式的变化、学习大纲的改变、执教老师的心态等因素，致使孩子们不喜欢理科、物理。

在此状况下，为了打破现状，各地科学馆开始改头换面，还会举办各种科学活动、设立实验教室，很多实验还会通过电视和网络视频等形式被公开。读完本书后，如果大家能够稍微对物理产生一点兴趣、积极参加一些科学活动，我将会感到无比的欣慰。

渡边仪辉

《参考文献》

力学

『新科学対話』 ガリレオ・ガリレイ 著、今野武雄、日田節次 訳（岩波書店、1937年）

『物理学とは何だろうか』 朝永振一郎 著（岩波書店、1979年）

『力学の発展史』 マルクス・フィールツ 著、喜多秀次、田村松平 訳（みすず書房、1977年）

热学

『身近な教養物理』 木暮陽三 著（森北出版、1988年）

『新装版 マックスウェルの悪魔』 都筑卓司 著（講談社、2002年）

『物理学とは何だろうか』 朝永振一郎 著（岩波書店、1979年）

光学

『物理学の世紀』 佐藤文隆 著（集英社、1999年）

『光学』 アイザック・ニュートン 著、島尾永康 訳（岩波書店、1983年）

『みるみる理解できる相対性理論 改訂版』 ニュートンムック（ニュートンプレス、2008年）

『アインシュタイン 26歳の軌跡の三大業績』 和田純夫 著（ベレ出版、2005年）

电学

『電気と磁気のふしぎな世界』 TDKテクマグ編集部 著（ソフトバンク クリエイティブ、2008年）

『電気の歴史』 直川一也 著（東京電機大学出版局、1985年）

『図解 電気の大百科』（オーム社、1996年）

流体力学

『航空力学の基礎』 牧野光雄 著（産業図書、1989年）

『なっとくする流体力学』 木田重雄 著（講談社、2003年）

『身近な教養物理』 木暮陽三 著（森北出版、1988年）

译后记

在本书的翻译工作即将结束之际，我感慨良多。

我作为策划编辑和责任编辑出版过一些日本版的科普图书，这些各具特色的书大都让我印象深刻。好的科普图书就应该不分语种和国别，而应该让读这本书的人从一个全新的视角感受到科学的独特吸引力，从而重新唤起人们对自己所处世界的兴趣和好奇心。

这是一本内容相对基础但有趣的科普书，它将物理学的五大领域——力学、热学、光学、电学、流体力学的基本发展脉络，按照人类在科学史上的认识发展顺序描述了出来，其中当然也包括人类在某些历史时期的错误认识，但是读完之后却让人觉得即使犯错也不是没有意义，人类正是在不断地摸索实践、发现错误、改正错误中前行，并最终越来越接近真理的。本书的另一大特色是每一节后面附有一个简单实验，虽然简单但是耐人寻味，通过实验可以验证正文的理论，让人对物理学的基本概念和定理理解深刻。

感谢我的合作者滕永红女士，我们在多本科普图书的出版中有过多次愉快的合作，这次也正是因为有她，本书才能尽快完稿。在翻译过程中，我们力争以最通俗、准确的表达方式还原原书的主旨和精神，但总会有理解不到位或表达欠缺之处，还请读者们不吝赐教。

最后，谨以此书献给我们成长中的孩子！

译　者